밥태기 해결사
뭉실맘의
한 그릇 냠냠
유아식

[일러두기]

※ 요리하기 전에는 반드시 손을 깨끗하게 씻어 주세요.

※ 유아식도 이유식처럼 가급적 칼과 도마를 구분해서 사용하거나 재료 종류가 다른 것마다 설거지를 한 뒤 사용하세요.

※ 아이가 먹다 남은 음식은 버리고, 요리를 완성한 뒤 소분할 때는 개별 용기에 담아 냉장 또는 냉동 보관하세요.
(냉장 보관은 1~2일 이내 섭취, 냉동 보관은 2~3주 안에 섭취)

※ 갓 요리한 음식이나 음식을 데우고 먹일 때는 꼭 식혀 주세요. 죽이나 국은 수저로 한 번 뒤적인 다음 선풍기 바람에 식히거나 1~2분 정도 두었다가 먹이면 좋습니다.

※ 무염식을 하는 아이들은 레시피에서 간장과 소금은 빼고 조리해 주세요.

밥태기 해결사
뭉실맘의

한 그릇 냠냠 유아식

뭉실맘(김은지) 지음

Prologue

‘아이를 낳으면 간식은 직접 만들어줘야지.’

아이를 낳기 전, 아니 결혼하기 전부터 제가 꿈꾸는 좋은 엄마, 전형적인 엄마의 기준은 간식 잘 챙겨주는 엄마였어요. 어릴 때 부모님이 바쁘셨기 때문에 간식은커녕 어린 동생의 밥을 차리는 것도 제 몫이었거든요. 그러니 간식은 늘 슈퍼에서 사 먹는 과자나 군것질이 전부라고만 알고 있었죠. 그러던 어느 날 친구네 집에 놀러 갔는데 친구 어머니가 차려 준 정갈한 집밥과 직접 만든 핫케이크, 과일 주스에 적잖이 충격받았던 기억이 납니다.

막상 아이를 낳고 보니 간식은 둘째치고, 매끼 이유식 챙기는 것도 쉬운 일이 아니었죠. 요리를 좋아했기 때문에 아이 밥 정도는 별거 아니라고 생각하고 자신만만했는데, 경험이 없다 보니 영유아기에 음식을 어떻게 해야 할지 전혀 모르겠더라고요. 어머니도 저를 키운 지 오래되어 유아식에 대한 지식이 없으셨죠. 엎친 데 덮친 격으로 산후우울증까지 겹쳐 육아가 너무 힘들었어요. 하루하루가 고역이었습니다.

바쁜 남편에게 이런 하소연하는 것도 하루 이틀이지, 저 스스로 극복할 방법을 찾아야 했어요. 그래서 이유식을 만들 때마다 블로그에 올리기 시작했습니다. 블로그는 이전부터 간간이 하고 있었는데, 이 일을 계기로 꾸준히 올려야겠다고 생각하게 되었습니다. 그렇게 시작한 블로그는 제가 아이를 키우는 동안 유일하게 다른 엄마들과 소통할 수 있는 공간이 되었고, 댓글을 통해 유아식에 대한 정보도 나누고, 여러 레시피를 기록하면서 이유식에 대한 이해를 넓히게 되었어요. 그러던 중 인스타그램에 영상을 공유하기 시작했습니다. 때마침 뭉실이가 이유식을 마치고 유아식을 시작할 때이기도 했죠. 간을 하지 못했던 이유식일 때와 달리 어른들이 먹는 요리를 하게 되었구나 하는 생각에 드디어 실력 발휘를 할 수 있겠다 싶었어요. 하지만 유아식은 생각보다 신경 써야 할 게 많았습니다. 아직 치아가 덜 발달 된 아이를 위해 재료의 질감도 신경 써야 하고 음식의 입자감, 맛의 조합, 영양 성분까지 따져야 했죠.

그렇게 정성 들여 만들었는데도 불구하고 아이가 밥을 잘 먹지 않을 때는 속상하기도 하고, 화가 나기도 하더라고요. 그럴 때마다 아이는 물론 저한테도 식사 시간이 고역이 되지 않도록 예쁘게, 맛있게 먹을 수 있도록 더 연구했어요. 이 과정을 인스타그램에 올리니 공감해 주는 분들이 점점 더 많아지더라고요.

"뭉실맘 레시피 따라 했더니 아이가 완밥했어요."
"저희 아이도 밥태기 극복했습니다."
"아이가 맛있게 잘 먹어 주어 행복했어요."

그저 내 아이 잘 먹이려고 만든 레시피를 공유했을 뿐인데, 많은 분이 따라 하고 후기까지 남겨 주시니 그만큼 즐겁고 보람찰 때가 없었던 것 같아요. 물론 더러는 대충 먹이면 되지 이렇게까지 하냐는 반응도 있었고, 맞벌이하거나 요리에 소질이 없어서 유아식을 매번 챙기기 힘들어하는 분들도 있었습니다. 물론 저도 그랬고요.

그래서 저는 아이만을 위한 음식을 따로 만들지 않고, 온 가족이 함께 먹을 수 있는 유아식을 만들기 시작했어요. 아이 먹인다고 아이 음식은 열심히 만들면서 엄마 아빠 음식은 대충 먹거나 배달시켜 먹는 경우가 있는데, 그렇게 하는 것보다 함께 먹을 수 있는 가족식을 준비하는 게 훨씬 수월하더라고요. 그렇게 부담을 덜고 나니 마음이 편해졌습니다. 이 책을 읽는 여러분도 유아식에 대한 부담을 내려놓고, 아이와 함께하는 소중한 시간을 즐기시길 바라요.

뭉실맘 김은지 드림

차례

PART 1

영양 듬뿍 건강한 완밥 한 그릇

덮밥, 볶음밥

동글동글 냠냠 귀엽고 든든한 한 끼

주먹밥, 김밥

완밥 돕는 실패 없는 반찬

매일 반찬

PART 4

영양 만점 따끈한 국물 요리

국, 탕

PART 5

밥 대신 먹는 특별한 요리

특식

PART 6

건강하고 맛있는 무설탕 간식

빵, 케이크

완료기 이유식에서 유아식으로 (12~15개월)

완료기 이유식을 마치면 아이는 이제 엄마 아빠와 함께 식사할 수 있는 어엿한 식구(食口)예요. 생후 첫 2년 동안 먹은 음식이 아이의 평생 영양 상태를 유지할 가능성이 높다고 하니 부모 입장에서는 신경이 많이 쓰일 수밖에 없어요. 그래도 차근차근 유아식을 준비하며 아이는 물론 가족 모두 건강하고 행복한 식사 시간이 되도록 함께 시작해요.

완료기 이유식 때 해야 할 일

- 하루 세 끼를 준비해 주세요.
- 다양한 음식을 접할 수 있도록 도와주세요.
- 스스로 먹도록 도와주세요.
- 젖병은 떼야 해요.
- 영양이 풍부한 간식을 준비해요.
- 아직 시판 과자나 음료는 주지 않는 것이 좋아요.
- 설탕 사용을 자제해요.

재료 농도

곡류
- 2배 밥으로 밥을 지어요.
- 죽 직전의 질감으로 주면 됩니다.

채소
0.7~1cm 크기로 썰어 주세요.

고기
0.7~1cm 크기로 썰어 주세요.

과일
0.7~1cm 크기로 썰어 주세요.

☑ 무엇을 먹을 수 있을까?

	먹을 수 있어요	아직 일러요
곡류	• 쌀, 찹쌀, 잡곡 • 감자, 고구마, 밤 • 밀가루 소량	• 메밀 • 당이나 지방이 많은 빵, 과자
고기 · 생선 · 달걀 · 콩류	• 소고기, 닭고기, 돼지고기 • 흰살 생선, 등푸른 생선, 조개, 오징어 • 달걀, 두부, 콩류	• 날생선이나 익히지 않은 해산물 • 날달걀
채소류	• 애호박, 양배추, 브로콜리 등 • 당근, 시금치, 버섯류, 미역, 김 등 • 우엉, 연근, 콩나물 등	• 김치 등 짜게 조리된 채소 • 어른이 먹도록 양념된 나물
과일류	• 바나나, 사과, 배 • 귤, 오렌지 • 키위, 딸기, 토마토	• 딱딱한 과일
우유, 유제품류	• 플레인 요구르트 • 우유 • 치즈	• 나트륨이 많은 어른용 치즈 • 바나나 우유, 딸기 우유, 초코 우유 등 맛이 첨가된 우유 및 일반 요구르트
유지 · 당류	• 식물성 기름 소량 • 견과류 • 꿀	• 알레르기가 있다면 36개월까지 일단 제한하기
양념 및 기타	• 아기간장, 아기된장 • 참기름, 들기름, 들깻가루	• MSG나 과도한 설탕 사용 제한하기

출처: 보건복지부, 한국건강증진개발원 <영양 만점 단계별 이유식>, 2019(2025년 개정 예정)

유아식 기본 양념

오일 스프레이

오일 스프레이는 적은 양의 기름으로도 충분히 조리가 가능해 자주 쓰고 있어요. 일반적인 요리에는 올리브오일 스프레이를 사용하고 볶음밥이나 생선을 구울 때는 발연점이 높은 아보카도오일 스프레이를 쓰고 있답니다. 일반 식용유를 사용하실 때는 재료가 타지 않을 정도로 소량만 사용하세요.

소금

소금, 된장, 간장처럼 나트륨이 들어간 양념은 보통 두 돌 이후부터 시작하는 경우가 많아요. 하지만 나트륨을 아예 제한하는 무염식은 부모의 엄청난 노력이 필요하기도 하고 아이한테도 적정량의 나트륨이 필요하므로 보통 13개월부터 조금씩 간을 하게 된답니다. 아기소금은 일반 소금보다 나트륨은 적고 칼슘이 들어 있으며, 바다 소금보다 염도가 낮은 호수 소금을 사용하고 있어요. 물론 유아식에 일반 소금을 사용해도 상관없어요. 나트륨을 줄이기 위한 가장 간단한 방법은 소금을 아예 넣지 않거나 적게 넣는 것이니까요. 다만 이 책에서는 저염소금으로 통일했으니 일반 소금으로 간을 한다면 1/3만 넣는 것이 좋아요.

※ 나트륨 권장량

6~11개월	1~2세	3~5세	6~8세	9~14세	15세 이상, 성인
370mg 이하 (소금 0.37g 이하)	810mg 이하 (소금 0.81g 이하)	1,000mg 이하 (소금 1g 이하)	1,200mg 이하 (소금 1.2g 이하)	1,500mg 이하 (소금 1.5g 이하)	2,000mg 이하 (소금 2g 이하)

출처: 세계보건기구(WHO)

알룰로스

설탕 대신 당이 적은 알룰로스를 사용하고 있어요. 알룰로스란 무화과나 건포도 같은 과일에서 자연 발생된 당이에요. 단맛은 그대로 나면서 설탕에 비해 칼로리가 적어 살찔 염려가 덜해요. 과자나 아이스크림에도 들어가 있는 일반 정제 설탕은 흡수가 빨라 혈당을 급속도로 상승시키며 뇌를 흥분시켜 아이한테는 주의력 결핍 과잉행동장애(ADHD) 등을 일으킬 수 있으니 아예 먹이지 않거나 아주 소량만 먹이는 것이 좋아요. 알룰로스 대신 단맛을 내고 싶다면 배즙을 쓰거나 간식을 만들 땐 바나나를 쓰면 좋아요.

간장

염도가 낮은 저염간장을 주로 쓰고 있어요. 아기 간장, 순한 간장이라는 제품명으로 판매되고 있는 간장들은 다 아기간장이랍니다. 저는 염도는 낮고 감칠맛은 그대로인 베리쿡 순한 맛간장을 주로 사용하고 있어요. 만약 일반 간장을 사용한다면 레시피에 나와 있는 양에서 1/4만 사용하세요.
이 책에서는 편의상 아기간장이라고 표기했습니다.

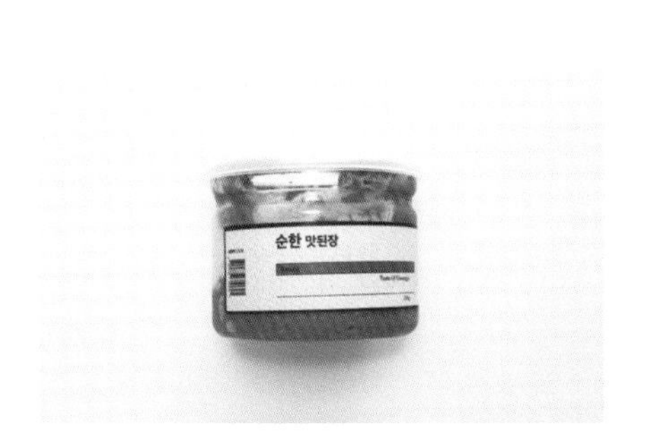

된장

된장에도 염도가 많아 저염된장을 사용하고 있어요. 하지만 유아식에서 된장을 고를 때는 염도보다 국산콩으로 만든 것인지 확인하는 게 더 중요해요. 유전자변형 농수산물(GMO)이 아직 아이한테 어떤 영향을 끼칠지 몰라 최대한 조심하는 게 좋다고 생각해요. 일반 된장을 사용할 때는 레시피에 나와 있는 양에서 1/3만 사용하시면 돼요.

참기름

일반 참깨가 아니라 통참깨에서 추출한 참기름을 쓰고 있어요. 저온압착으로 색이 맑고 고소한 참기름을 사용한답니다. 재료의 풍미를 더해 주고 싶을 때 쓰면 좋아요.

유아식 조리 도구

냄비

냄비는 보오글 냄비를 주로 사용해요. 손잡이가 분리돼서 수납하기에도 편하고 무엇보다 가벼워서 손목에 크게 무리가 가지 않아요.

프라이팬

육아하면서 약해진 손목을 보호하려면 가벼운 프라이팬이 좋아요. 코팅 벗겨질 일 없는 스테인리스 팬도 좋지만 예열이 필요해서 코팅이 적절히 들어간 가벼운 프라이팬을 사용하고 있어요.

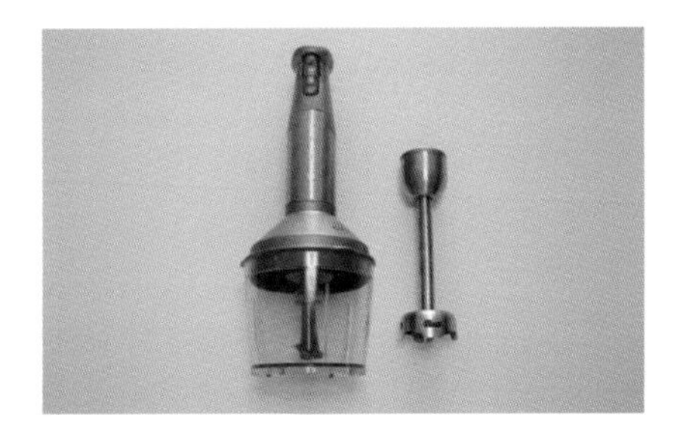

초퍼(분쇄기)

초퍼와 핸드 블렌더 기능이 있는 초퍼를 사용해요. 유아식은 성인이 먹는 일반식보다 입자가 고와야 해서 곱게 다지고 때로는 갈아야 하는 일이 자주 있거든요. 두 기능이 모두 있는 멀티 초퍼가 사용하기 편하더라고요.

에어프라이어

유아식은 모양도 신경 써야 해서 음식으로 예쁜 모양을 만들고 싶을 때 에어프라이어를 사용하고 있어요. 내부가 보이는 에어프라이어를 사용하면 음식이 어느 정도 조리되고 있는지 확인할 수 있답니다.

조리 도구

국자, 볶음 주걱, 뒤집개, 스패출러를 자주 사용해요. 이 네 가지 조리 도구는 일반식 조리 도구와는 별도로 준비해 두는 것이 좋아요. 일반식과 혼용해서 사용하면 매운 요리를 할 때 양념이 밸 수도 있거든요.

실리콘 머핀틀

머핀틀이 있으면 모양 내기가 편해요. 빵이나 머핀을 만들 때가 아니더라도 밥을 머핀틀에 담아 오븐이나 에어프라이어에 구우면 맛도 모양도 예쁜 밥 머핀이 된답니다.

물컵

젖병에 익숙했던 아이가 첫돌 정도 되면 빨대 컵이나 일반 컵을 사용해 우유나 물을 마시기 시작해요. 스스로 물을 마실 수 있도록 양쪽에 손잡이 있는 제품이 좋으며, 떨어뜨려도 깨지지 않는 실리콘 소재의 물컵을 사용합니다. 컵 연습은 트레이닝 컵, 간편하게 사용하기 좋은 컵은 빨대 컵을 추천해요. 200㎖짜리 컵을 사용하면 계량컵 없이 계량할 수 있답니다.

전자레인지 찜기

실리콘 소재의 전자레인지 찜기예요. 단호박이나 감자 등 식재료를 찌거나 음식 식감을 촉촉하게 하고 싶을 때 일반 내열 그릇에 담아 돌리는 것보다 훨씬 더 촉촉하게 익힐 수 있어서 자주 사용하는 도구 중 하나랍니다.

수저, 포크, 젓가락

보통 이유식 후기부터 수저와 포크를 쥐어 주고 스스로 먹는 연습을 시켜요. 본격적으로 유아식을 시작하면서 포크로 반찬을 먹는 게 자연스러워지면 18개월 이후부터는 손가락에 끼워서 사용하는 유아 젓가락을 사용하게 해 주어요.

책 속 계량법

기본 계량은 1큰술, 1작은술입니다. 1큰술은 밥숟가락, 1작은술은 티스푼으로 계량해 주세요.

알룰로스(가루), 소금 등 가루류 1큰술

가루류 1/2큰술

간장, 참기름 등 액체류 1큰술

액체류 1/2큰술

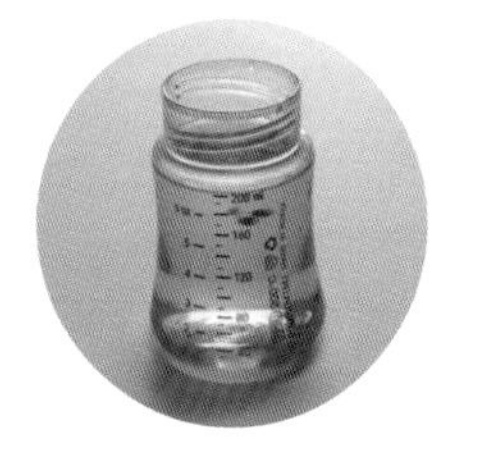

액체류 200㎖

1컵, 180㎖

된장이나 다진 마늘, 요거트 등
묵직한 질감의 양념 1큰술

양념류 1/2큰술

밥 짓는 법

흰쌀밥

쌀 2컵, 물 350㎖(2회분)

쌀은 서너 번 깨끗이 씻은 다음 준비된 분량의 쌀과 물을 넣고 밥을 지어요. 돌솥에 밥을 지을 경우 쌀 1컵과물을 붓고 뚜껑을 연 상태에서 센불로 끓여 주세요. 물이 다 날아갔다 싶으면 뚜껑을 닫고 약불에서 15분 끓인 다음 불을 끄고 10분간 뜸을 들여요.

흑미밥

쌀 2컵, 흑미 1/3컵, 물 400㎖(2회분)

흑미는 백미와 색깔만 다를 뿐, 흰쌀밥처럼 지으면 됩니다. 흑미는 백미보다 영양가가 많지만 흑미로만 밥을 지으면 너무 까맣게 되므로 백미와 섞어서 밥을 지어 주세요.

잡곡밥

쌀 2컵, 잡곡 1/2컵, 물 450㎖(2회분)

유아식에서는 처음부터 잡곡을 너무 많이 사용하지 않아요. 이유식을 끝낸 지 얼마 안 된 초기에는 오트밀, 귀리, 찹쌀, 조, 현미 등 부드러운 곡물을 넣고 15개월 이후 어금니가 어느 정도 올라오면 렌틸콩, 옥수수, 검은콩 등을 넣습니다. 이유식 때처럼 한 가지 통곡물만 맛보게 한 다음 알레르기 반응을 테스트해 보세요.

채수 만들기

채수는 말 그대로 여러 가지 채소나 과일을 넣어 요리 베이스가 될 국물을 만드는 거예요. 이유식 때도 채수가 필요해서 많이 만들어 보았겠지만, 아이의 알레르기 반응을 일으키지 않았던 채소 위주로 넣어 끓여요.

재료

물 2~3ℓ, 채소류(무, 파, 당근, 양배추, 브로콜리, 양파, 사과, 배 등) 100g씩

만드는 법

1 들통에다 물을 부어 주세요.
2 준비된 채소를 깨끗이 씻어서 들통에 넣고 팔팔 끓여요.
3 채소가 흐물거리면 체로 건져 내 물기를 뺀 다음 주걱이나 국자로 꾹꾹 눌러요.
4 한 김 식혔다가 큐브나 실리콘 백에 담아요.

※ 냉장 또는 냉동 보관했다가 죽, 국, 국수 등 요리에 사용해요.

이 책에서는 식단표를 따로 구성하지 않았어요. 집마다 냉장고 상황이나 아이가 선호하는 식재료가 다르므로 밥, 요리, 반찬을 구성해 식단을 짜 두는 것이 유아식을 만드는 부모 입장에서 부담이 될 거라고 생각했거든요. 다만 이 책 안에서 영양소를 골고루 갖춘 식단으로 차려 주고 싶을 때는 다음과 같은 원칙으로 식단을 구성해 보세요.

☑ 유아의 영양 권장량

대한영양사협회에 따르면 1~2세 섭취 칼로리는 900~1,000Kcal, 3~5세는 1,400~1,500Kcal예요. 아이 신체 발달마다 차이가 있으니, 이 범위 안에서 아이에게 맞게끔 적용하면 돼요.

1~2세 유아식 구성 예시

		아침	점심	저녁	간식
		게살 채소 달걀죽 p.40 당근 두부볼 p.110	돼지고기 간장덮밥 p.48 콩나물국 p.154 채소 달걀찜 p.84	배추 들깻국 p.150 소고기육전 p.126 가지무침 p.114	고구마 요거치즈볼 p.216
곡류	1회	쌀밥(0.3)	쌀밥(0.3)	흑미밥(0.3)	고구마(0.3)
고기·생선·계란·콩류	1.5회	생선	돼지고기 달걀	소고기	
채소류	4회	당근 양파 브로콜리	콩나물 양배추	배추 가지	토마토
과일류	1회				오렌지(0.5) 바나나(0.5)
유제품류	2회	요거트(0.5)	치즈(0.5)		우유 1컵(1)

3~5세 유아식 구성 예시

		아침	점심	저녁	간식
		소고기 달걀 김국 p.131 두부 새우스테이크 p.112 애호박 느타리버섯무침 p.106	닭고기 양배추덮밥 p.44 청경채 된장국 p.152 아이 동그랑땡 p.98	가자미 들깨 미역국 p.142 하얀 제육볶음 p.92 오이무침 p.115	고구마 채소 팬케이크 p.214
곡류	2회	쌀밥(0.5)	검은콩밥(0.5)	잡곡밥(0.5)	오트밀(0.5)
고기·생선·계란·콩류	3회	소고기 달걀 새우	닭고기	돼지고기 가자미	
채소류	5회	애호박 느타리버섯 김	당근 애호박 양배추 청경채	오이 양파 버섯	애호박 당근
과일류	1회				귤(0.5) 딸기(0.5)
유제품류	2회	요거트(0.5)	치즈(0.5)		우유 1컵(1)

☑ 유아 식단 알아두기

탄수화물은 다양하게

탄수화물에 대한 이야기가 많지만 성장기 아이들에게는 꼭 필요한 에너지원이 됩니다. 다만 정제 탄수화물(흰쌀밥)만 주는 것은 피하고, 아이들의 영양이 고루 발달할 수 있도록 다양한 탄수화물을 제공해 주세요.

국 정하기

한 그릇 요리나 반찬에 단백질이 부족하다 싶을 때는 4장에서 국물을 정해요. 등원으로 정신없는 아침에도 활용하기 좋아요.

메인 요리 정하기

이 책의 5장에서 메인 요리를 정합니다. 여러 반찬과 함께 밥 먹이기 어려울 때는 채소가 어우러져 있는 1장의 완밥 한 그릇 메뉴나 2장의 귀엽고 든든한 한 끼 메뉴도 좋아요.

반찬 정하기

특식에서 메인 요리를 정했다면 3장에서 곁들여 먹는 반찬을 정해요. 되도록 주재료가 겹치지 않도록 식단을 구성해요.

고기&채소 편식 부수기

특정 음식을 싫어하는 아이들이 있어요. 채소 편식, 고기 편식 등 아이들이 다양한 이유로 음식을 거부할 때가 있는데, 어떻게 하면 잘 먹일 수 있는지 알아보아요.

고기

두부 불고기베이크

P.86

아이들이 고기를 싫어하는 이유는 보통 두 가지예요. 후각이 민감해서 고기 특유의 비릿한 냄새를 거부하거나, 턱 근육이 아직 발달하지 못해서 고기를 씹는 게 익숙하지 않은 경우죠. 이럴 때는 고기 냄새를 잡고 식감을 부드럽게 만들어 주면 잘 먹어요. 특히 편식으로 단백질이나 철분 섭취가 모자랄 때 해 주면 좋아요.

비트 분홍소시지

P.104

저희 어릴 때 즐겨 먹던 분홍 소시지, 기억 나시나요? 도시락에 소시지 반찬 하나만 있어도 밥 한 끼 뚝딱이었죠. 시판용 소시지는 합성 첨가물이 많아서 아이에게 먹일 때마다 이유모를 죄책감이 들었는데, 생각보다 만들기 어렵지 않아서 한 번 만들 때 잔뜩 만들어 두었다가 반찬이 없을 때마다 꺼내서 해 주면 잘 먹더라고요. 고기 느낌도 전혀 나지 않아요. 계란을 먹는 아이라면 계란물을 입혀서 부쳐 주세요.

닭고기 채소 치즈김밥

P.76

아이가 밥을 잘 먹지 않을 때 김밥이나 주먹밥만 한 게 없더라고요. 특히 붉은 육류를 싫어하는 아이에게는 닭고기를 추천해요. 심심한 맛에 어느 재료와도 잘 어울리니 김밥으로 싸 주면 영양도, 맛도 만족하는 한 끼 식사가 된답니다.

채소

참치 채소 밥전

P.79

아이들의 혀에는 성인보다 훨씬 많은 미뢰가 있다고 해요. 미뢰란 혀와 연구개에 있는 구강세포인데 그만큼 성인보다 맛에 대한 민감도가 높답니다. 그러니 아이가 채소를 싫어한다고 스트레스받지 말고 참치 채소 밥전처럼 맛이 강한 주재료에 채소가 보조 재료 개념으로 들어가도록 만들어 주세요.

고구마 브로콜리 호떡

P.218

호주 연방과학산업연구기구(CSIRO) 데미안 프랭크 박사 연구에 따르면 브로콜리나 콜리플라워 같은 십자화 채소에는 쓴맛을 내는 화학물질이 있다고 해요. 또한 아이들의 쓴맛에 대한 수용도가 성인보다 낮다고 밝혔답니다. 하지만 슈퍼푸드로 인정받은 브로콜리를 포기할 순 없겠죠? 이럴 때는 식감과 맛이 전혀 다른 치즈가 들어간 고구마 브로콜리 호떡을 만들어 주세요. 고구마의 단맛과 치즈의 고소함 덕에 브로콜리의 쓴맛이 전혀 느껴지지 않아요.

아보카도 채소쿠키

P.206

아보카도는 비타민과 미네랄이 많은 데다가 포만감이 좋고 식감도 부드러워서 어른이나 아이 할 것 없이 좋은 식재료 중 하나예요. 거기에 베타카로틴이 풍부한 당근과 소화에 좋은 애호박이 들어가는데도 감자의 식감 때문에 채소 맛은 느껴지지 않아서 부족한 채소를 공급해 줄 수 있는 간식이랍니다.

아이와 부모가 행복한 유아식 꿀팁

1 첫 번째, 돌 이후부터 스스로 먹게 해요

아이가 8~9개월쯤 되었을 때부터 자기주도식을 조금씩 시작했어요. 그때까지만 해도 스스로 먹는 게 미숙해서 아이 손에 숟가락을 쥐어 주고 떠먹이다가, 한 번씩 쥐고 있는 수저에 밥을 떠주면서 아이가 숟가락을 사용할 수 있게 유도해 주었답니다. 아직 손 쓰는 것이 미숙한 돌 전 아기한테 손으로 음식 먹는 것을 말리거나 제지할 필요는 없어요. 손으로 먹는 것이 전제가 되어야 나중에 숟가락으로 잘 먹는답니다. 손으로 먹든 숟가락으로 먹든, 밥은 스스로 먹는 행위라는 인식을 심어 주는 것이 중요해요.

그러다 유아식을 하는 돌쯤 되면 손힘이 생겨 물건을 잘 쥘 수 있게 돼요. 그런데 그때도 엄마가 떠먹여 준다면 밥을 스스로 먹는다는 인식이 줄고, 의무적으로 먹게 되면서 식사에 대한 흥미가 떨어지고 자기주도식을 하기가 더 힘들어진답니다. 그러니 돌 이후부터는 스스로 숟가락을 쥐고 먹도록 해 주세요.

2 두 번째, 완벽하지 않아도 괜찮아요

유아식에 대한 정보나 이미지가 많다 보니 요리를 못하거나 바쁜 부모님들, 편식이 심한 자녀를 둔 부모님은 아이 음식을 만드는 것에 대한 부담을 느끼기도 해요. 다른 엄마들이 차리는 건 예쁘고 영양 구성도 탄탄해 보이는데 내가 만든 건 왜 부실할까, 속상해하기도 하고 잘 안 먹는 아이를 보면 내 탓인가 싶어 미안하기도 하고 때론 화도 나요.

저 역시 남들과 비교하며 유아식에 힘을 가득 준 적이 있었어요. 그런데 아이 밥, 하루 이틀 차리고 말 거 아니잖아요. 유아식은 무엇보다 꾸준함이 중요한 일이니 엄마가 스트레스받지 않는 게 가장 중요해요. 한 그릇 요리나 영양가 가득한 간식을 만드는 등 메뉴 구성이 다양하지 않아도 영양소만 섭취하게 만들면 되니 너무 스트레스 받지 마세요.

3 세 번째, 밥 먹다 흘리는 건 당연해요

아이가 스스로 밥을 먹다 보면 음식을 흘리기도 하고 얼굴이나 옷 여기저기에 묻게 마련이에요. 그럴 때마다 아이 입이나 식탁을 번번이 닦아 주는 분들이 있는데, 아이가 음식물을 흘리거나 숟가락질이 미숙해도 눈이나 코로 들어가는 것이 아니라면 바로바로 닦지 않고 지켜보는 것이 좋아요. 물론 답답한 마음에 도와주고 싶어서 번번이 닦아 주는 분도 있고 장난치는 건가 싶어 한숨을 쉬거나 화를 내는 부모님도 있어요. 그럴 때 아이는 밥 먹는 일이 벌처럼 느껴져서 식사 시간 자체를 거부하게 될 수도 있답니다. 아이가 밥 먹을 때 장난을 친다면 부드러운 말투로 "뭉실아, 밥 다 먹고 놀자." 라고 말해 주세요. 그래도 음식으로 장난치거나 밥 먹는 것에 집중하지 못한다면 시계를 보여 주며 밥 먹는 시간을 정해 주세요. 시간에 대한 개념이 없더라도 약속한 시간에 시곗바늘이 가 있으면 시간이 다 되었다는 것을 보여 주고 식사를 미련 없이 종료하세요.

4 넷째, 일정한 시간에 일정한 자리에서 먹어요

집에서 밥을 먹을 때는 아이 지정석을 마련해 주어 최대한 시간 맞추는 게 좋아요. 밥 먹는 시간이 불규칙하면 언제든 밥을 먹을 수 있다는 생각에 배가 고파도 밥을 먹지 않고 노는 것부터 할 수 있거든요. 또 일정한 자리에서 밥을 먹지 않거나 돌아다니는 아이 쫓아다니며 밥을 떠먹여 주면 식사와 놀이가 구분되지 않아 스스로 밥 먹을 생각을 하지 않게 돼요.

5 다섯째, 배를 채워야 된다는 생각 버려요

옛날부터 어르신들은 아이들이 마르거나 배가 홀쭉하면 안타깝게 여기고, 배가 빵빵해지면 그제야 마음을 놓으셨어요. 먹을 게 부족하던 시절에는 매 끼니를 챙겨 먹을 수 없으니 한번 먹을 때 많이 먹어 두었던 기억이 남아 있지만, 요즘은 먹을 것이 없어서 못 먹이는 시대가 아니므로 아이 배가 빵빵하지 않다고 불안해할 필요는 없어요. 다만 영양이 부족하면 안 되니까, 밥태기 때는 아이가 밥을 먹지 않는다고 불안해하며 우유나 분유로 배를 채우지 말고 익힌 채소나 과일, 밥전, 머핀, 간식 등 핑거푸드를 만들어 조금씩이라도 스스로 먹게 도와주세요.

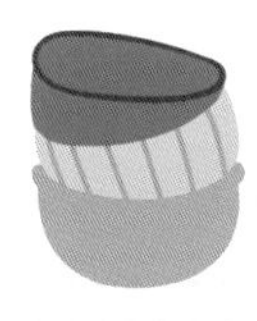

PART 1

영양 듬뿍 건강한 완밥 한 그릇

덮밥, 볶음밥

☑ 주재료 소고기

소고기 무덮밥

달큼한 제철 무로 만든 소고기 무덮밥! 식감이 부드러워서 만들어 줄 때마다 아이가 항상 완밥했어요. 단백질과 철분이 풍부한 소고기와 소화를 돕는 무가 들어 있어서 성장과 원기 회복에 아주 좋아요.

• 재료(2회분) •

소고기 40g, 무 40g, 양파 20g, 대파 5g, 아기간장 1큰술, 배즙 50㎖, 물 80㎖, 밥 80g

전분물(전분 5g+물 20㎖)

• 요리 과정 •

1 무와 양파는 깍둑썰고, 파는 어슷하게, 소고기는 곱게 다져요.

2 다진 소고기와 무, 양파를 넣고 소고기가 익을 때까지 중약불에서 볶아 줍니다.

3 물, 아기간장, 배즙을 넣고 무가 익을 때까지 끓입니다.

4 재료가 모두 익으면 전분물을 넣고 빠르게 저어 걸쭉한 농도가 될 때까지 끓여요.

5 그릇에 밥을 담고 소스를 얹으면 완성입니다.

Tip

소스를 만든 다음 불을 끄고 10분간 뜸을 들이면 무 속까지 부드럽게 익어요.

☑ 주재료 소고기

소고기 짜장밥

채소와 고기를 동시에 먹기 좋은 메뉴 중 하나예요. 특히 짜장밥은 어두운 색감과 진한 향 때문에 채소를 싫어하는 아이도 편식 없이 잘 먹어요. 단백질, 철분 가득한 소고기와 각종 채소까지! 탄단지 다 챙긴 요리랍니다.

• 재료(2회분) •

소고기 50g, 양파 30g, 애호박 20g, 감자 20g, 양배추 20g, 짜장가루 2큰술, 물 300㎖, 밥 80g

• 요리 과정 •

1 소고기는 먹기 좋게 다지고, 양파와 애호박, 감자, 양배추는 네모나게 썰어 준비해요.

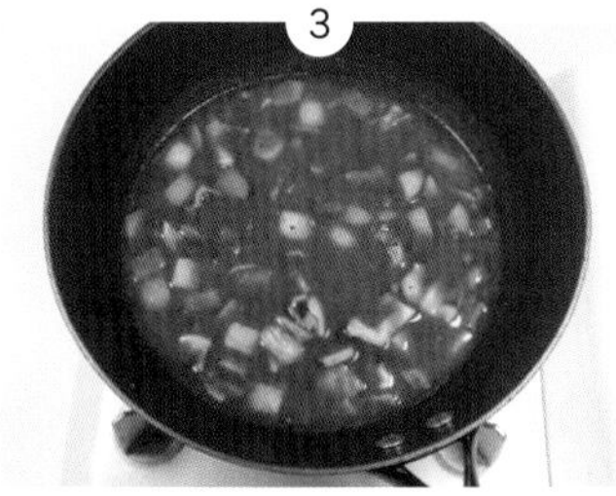

2 오일 두른 팬에 소고기와 채소를 모두 넣고 고기가 익을 때까지 중불로 볶아요.

3 2에 짜장가루와 물을 넣고 섞어 주세요.

4 소스가 걸쭉해질 때까지 중약불에서 10분간 끓인 뒤 밥 위에 얹어 주세요.

☑ 주재료 소고기

소고기 크림리소토

아이가 종종 한식을 질려할 때가 있어요. 소고기로 색다른 특식을 만들어 주고 싶을 때, 우유와 치즈를 넣어 부드럽게 만들어 주었던 크림리소토 레시피입니다. 소고기와도 잘 어울리고, 부드러워서 아이가 정말 좋아해요.

• 재료(1회분) •

소고기 30g, 양파 15g, 브로콜리 15g, 버섯 15g, 우유나 분유 250㎖, 아기치즈 1장, 밥 80g

• 요리 과정 •

1 치즈를 제외한 재료를 먹기 좋게 다져요.

2 오일을 두른 팬에 다져 둔 고기와 채소를 모두 넣고 소고기가 익을 때까지 볶아요.

3 2에 우유나 분유를 붓고 아기치즈를 올린 뒤 끓여요.

4 밥을 넣고 걸쭉한 농도가 될 때까지 약불로 끓이면 완성입니다.

Tip

저염소금을 두 꼬집 정도 넣으면 풍미를 더 느낄 수 있고 온 가족이 먹을 수 있어요.

☑ 주재료 소고기

소고기 규동

규동은 소고기와 함께 양파를 달큼하게 끓인 뒤 밥에 올려 먹는 일본식 덮밥이에요. 아이 어금니가 나지 않았을 때는 소 다짐육을 사용하고, 어금니가 어느 정도 났다면 차돌박이로 만들어 주세요. 달걀 특유의 비릿함을 느껴서 달걀을 못 먹는 아이도 양파 덕에 잘 먹을 수 있어요. 만들기도 간편하고 아이가 잘 먹어서 조회수 10만 뷰가 넘었어요.

• 재료(1회분) •

소고기(차돌박이) 30g, 달걀 1개, 양파 10g, 대파 3g, 아기간장 1/2큰술, 배즙 40㎖, 물 150㎖, 밥 80g

• 요리 과정 •

1 양파와 대파는 채 썰어 준비해요.

2 프라이팬에 소고기와 양파를 넣고 볶아 익혀요.

3 물과 배즙, 아기간장을 넣고 끓여요.

4 육수가 팔팔 끓을 때 곱게 풀어둔 달걀물을 둘러 붓고 30초간 그대로 기다려요.

5 달걀이 다 익으면 밥 위에 얹어 마무리합니다.

Tip

달걀물을 저으면 흐트러져 육수에 녹아드니 완전히 익을 때까지 기다려 주세요.

☑ 주재료 소고기, 시금치

소고기 슈렉리소토

슈렉처럼 힘이 넘치고 건강해질 수 있는 메뉴예요. 소고기는 단백질, 시금치에는 칼슘과 무기질이 있어서 음식 궁합도 좋아요. 특히 두 재료 다 철분이 가득해 빈혈에도 효과가 좋아요. 초록빛이 낯설 수 있지만 이유식 때부터 초록색 재료를 자주 접했던 아이라면, 조금씩 맛을 보면서 금세 잘 먹게 돼요.

• 재료 •

소고기 30g, 시금치 30g, 양파 10g, 버섯 20g, 우유 200㎖, 아기치즈 1장, 밥 80g, 저염소금 한 꼬집

• 요리 과정 •

1 소고기와 양파를 다져서 준비해요.

2 시금치는 끓는 물에 30초 데친 뒤 물기를 꼭 짜요.

3 데친 시금치와 버섯, 우유를 넣고 믹서기에 곱게 갈아요.

4 달군 프라이팬에 소고기와 양파를 볶아서 익혀요.

5 4에 3을 넣고 아기치즈 1장을 올려요.

6 밥을 넣고 걸쭉하게 졸여서 마무리해요.

☑ 주재료 소고기, 톳

소고기 톳밥

유아식을 하다 보면 어느 아이나 밥태기가 한 번쯤 찾아옵니다. 이때 밥알 식감부터 살리고자 하는 마음으로 전기밥솥이 아니라 끓여서 밥을 한 적이 있어요. 밥을 끓이면 밥알마다 윤기가 돌고 찰지며 식감이 고스란히 느껴지거든요. 아이가 갑자기 밥을 거부할 땐 밥 짓는 방법도 바꿔 보세요.

• 재료 •

소고기 다짐육 50g, 불린 톳 20g, 불린 쌀 200g, 물 200㎖

• 요리 과정 •

1 쌀을 깨끗이 씻은 다음 물에 30분 이상 불려요.

2 소고기 다짐육은 프라이팬에 볶아 미리 익혀 두세요.

3 불린 쌀과 물을 웍이나 냄비에 넣은 뒤 톳을 넣고 10분간 끓입니다.

4 물이 끓어서 불린 쌀이 자박하게 졸아들면 뚜껑을 닫고, 약불로 10분간 더 끓인 후 불을 끄고 10분간 뜸을 들입니다.

5 완성된 톳밥 위에 볶아 둔 소고기를 뿌려 마무리해요.

Tip

밥을 솥에 하면 더 맛있어요. 간장과 참기름을 조금씩 뿌려 비벼 주세요.

☑ 주재료 소고기, 콩나물

소고기 콩나물덮밥

식이섬유가 풍부한 아삭한 식감의 콩나물로 만든 맛있는 덮밥 요리예요. 궁합 좋은 소고기와 콩나물을 넣고 만들어 담백하면서도 감칠맛이 좋아요. 만들어 줄 때마다 아이가 잘 먹어 자주 해주는 유아식 메뉴 중 하나랍니다.

• 재료(2회분) •

소고기 40g, 콩나물 20g, 양파 15g, 당근 10g, 채수 200㎖, 아기간장 1작은술, 다진 마늘 1작은술, 전분물(전분 5g+물 20㎖)

• 요리 과정 •

1 소고기는 다지고, 양파와 당근은 채 썰어요. 콩나물은 3등분합니다.

2 달궈진 프라이팬에 1의 재료를 넣고 볶아 익혀요.

3 채수를 붓고 손질한 콩나물과 아기간장, 다진 마늘을 넣은 뒤 뚜껑을 덮고 5분간 중약불로 끓여요.

4 콩나물의 숨이 죽으면 전분물을 넣고 빠르게 저어 풀어 준 뒤, 걸쭉해질 정도로 약불에서 끓이면 완성이에요.

Tip

아기가 두 돌 전이라면 콩나물의 대가리는 제거하고 줄기만 사용해요.

☑ 주재료 게살

게살 채소 달걀죽

후기 이유식부터 다양한 해산물을 먹게 되는데 아이가 가장 잘 먹는 해산물 가운데 하나가 바로 게살이에요. 게살은 죽으로 만들었을 때 부드럽게 풀어져서 아이가 먹기 좋은 식감의 식재료랍니다.

• 재료 •

게살 40g, 브로콜리 30g, 당근 10g, 양파 15g, 달걀 1개,
채수나 물 200㎖, 참기름 1/2작은술, 밥 80g

• 요리 과정 •

1 게살은 익혀서 준비하고 브로콜리와 당근, 양파는 잘게 다집니다.

2 오일 두른 팬에 브로콜리와 양파, 당근을 먼저 볶아 익혀준 뒤 게살을 넣고 살짝 볶아요.

3 익힌 채소와 게살 위에 물과 밥을 넣고 중약불로 5분간 푹 끓여요.

4 마무리로 달걀을 곱게 풀어서 휘릭 둘러 넣고 참기름 넣은 뒤 끓이면 완성이에요.

Tip

브로콜리는 단단한 줄기를 제외하고 부드러운 꽃 부분만 잘게 다져요.

☑ 주재료 닭고기, 두부

닭고기 두부볶음밥

유아식 초창기에는 이가 전부 나지 않아 딱딱한 식감을 거부할 때가 있어요. 이때 두부를 넣어 부드럽게 볶아 주었던 레시피예요. 단백질이 풍부한 두부와 닭고기가 들어가 우리 아이 단백질 보충에 최고예요.

• 재료(1회분) •

닭고기 30g, 두부 40g, 당근 10g, 양파 15g, 아기간장 1/2큰술, 참기름 1/2작은술, 흑미밥 80g

• 요리 과정 •

1 닭고기와 당근, 양파는 다지고, 두부는 겉에 물기만 살짝 닦아 준비해요.

2 오일 두른 팬에 닭고기와 당근, 양파를 넣고 볶아 익혀줍니다.

3 두부를 으깨 넣고 흑미밥을 넣은 뒤 아기간장과 참기름을 넣고 볶아 주세요.

Tip

타거나 마르지 않도록 재료가 어느 정도 익으면 마무리합니다.

☑ 주재료 닭고기, 양배추

닭고기 양배추덮밥

위에 부담이 없고 소화가 잘되는 채소 가운데 하나인 양배추를 활용한 한 그릇 덮밥 레시피에요. 양배추가 익었을 때 나오는 본연의 단맛에 간장이 어우러져 밥에 얹어 주었을 때 잘 먹어요.

• 재료 •

양배추 40g, 닭고기 30g, 버섯 15g, 당근 10g, 아기간장 1/2큰술, 채수 250㎖,
전분물(전분 5g + 물 20㎖), 밥 80g

• 요리 과정 •

1 양배추는 네모 모양으로 썰고 버섯과 당근, 닭고기는 다져요.

2 오일 두른 팬에 썰어둔 채소와 고기를 넣고 닭고기가 익을 때까지 중불로 볶아요.

3 아기간장과 채수를 넣고 양배추가 익을 때까지 중약불로 5분간 끓입니다.

4 채소와 고기가 모두 익으면 전분물을 붓고 저어 걸쭉하게 끓여요.
밥 위에 얹어 주면 덮밥 요리 완성입니다.

☑ 주재료 닭고기

채소 닭죽

172쪽에 있는 삼채닭을 만들어 주고 나면 육수와 익은 채소, 닭고기가 남게 됩니다. 고기만 주기 아쉬울 때 밥을 넣고 끓여 맛있는 닭죽을 만들어 보세요. 영양소가 골고루 들어 있는 든든한 유아식이 돼요.

• 재료 •

삼채닭을 만들고 남은 닭고기와 채소, 육수, 닭고기 30g, 육수 1컵, 흑미밥 80g, 물 250㎖

• 요리 과정 •

1 삼채닭 육수 한 컵과 푹 익은 채소를 매셔를 이용해 곱게 으깨요.

2 채소를 으깬 육수에 닭고기를 찢어 넣습니다.

3 닭고기와 육수에 흑미밥과 물을 넣고 밥이 퍼지도록 10분간 중약불로 뭉근하게 끓이면 완성입니다.

Tip

맛이 심심하다면 저염소금을 한 꼬집 넣어 간을 맞춰요.
닭고기는 부드러운 닭다리살을 사용하면 퍽퍽하지 않아 맛있답니다.

☑ 주재료 돼지고기

돼지고기 간장덮밥

소고기만큼이나 단백질 공급원이 되는 돼지고기! 달달하고 부드러운 양배추와 함께 볶아 간장으로 맛을 내어 밥 위에 얹어 먹기 좋은 덮밥이에요.

• 재료 •

돼지고기 30g, 양배추 40g, 버섯 20g, 당근 15g, 아기간장 1큰술, 배즙 50㎖, 전분물(전분 5g + 물 40㎖), 물 120㎖

• 요리 과정 •

1 돼지고기와 당근은 곱게 다지고 양배추는 네모나게 버섯은 쫑쫑 썰어 준비해요.

2 달궈진 프라이팬에 오일을 조금 두른 뒤 손질한 재료를 넣고 볶아요.

3 2에 물과 배즙, 아기간장을 넣은 다음 뚜껑을 덮고 중약불로 5분간 끓입니다.

4 재료가 익으면 전분물을 만들어 휘릭 붓고 빠르게 저어 주면 완성!

☑ 주재료 돼지고기

돼지고기 카레덮밥

유아식으로 카레가 맵지 않을까 고민된다고요? 맵지 않으면서 채소와 고기를 한번에 먹게 해 주는 카레 레시피 알려드릴게요.

• 재료(2회분) •

돼지고기 50g(앞다리살 슬라이스), 양파 30g, 감자 30g, 당근 20g, 카레가루 2큰술, 전분물(전분 7g + 물 40㎖), 무염버터 5g, 물 250㎖

• 요리 과정 •

1 돼지고기는 아기가 먹기 좋게 작게 썰고 양파, 감자, 당근은 깍둑 썰어 줍니다.

2 달궈진 냄비에 무염버터를 녹인 뒤 1을 넣고 볶아 양파와 돼지고기만 우선 익혀줍니다.

3 물을 붓고 냄비 뚜껑을 닫아 푹 끓여 나머지 재료들을 익힌 다음, 재료가 거의 익어갈 때 카레가루와 전분물을 넣고 저어가며 끓여요.

4 농도가 걸쭉해지면 불을 끄고 밥 위에 얹어요.

☑ 주재료 닭고기, 단호박

닭고기 단호박리소토

익히면 부드러운 질감을 가진 단호박과 고소한 닭고기를 함께 사용하여 만든 리소토예요. 달콤한 단호박과 단백질이 풍부한 닭고기 조합으로, 아이가 목이 아파 음식을 넘기지 못할 때 부드럽게 만들어 주었던 특식이에요. 달콤한 맛에 입맛이 없던 아이도 잘 먹었던 요리랍니다.

• 재료(2~3회분) •

단호박 100g, 닭고기 40g, 양파 20g, 아기치즈 1장,
우유나 분유 300㎖, 밥 80g, 무염버터 5g

• 요리 과정 •

1 닭고기와 양파는 잘게 다져요.

2 단호박은 전자레인지에 5분간 돌려 익힌 후 껍질을 벗겨내고 속만 곱게 으깨줍니다.

3 프라이팬에 버터를 녹인 후 다진 닭고기와 양파를 넣고 약불로 볶아 익힙니다.
우유나 분유, 밥을 넣고 아기치즈 1장을 넣은 뒤 끓여 녹여줍니다.

4 으깬 단호박을 넣고 걸쭉하게 끓이면 완성입니다.

Tip

소금을 한 꼬집 추가하면 리소토의 풍미를 올릴 수 있어요.

☑ 주재료 소고기, 가지

소고기 가지덮밥

식이섬유가 풍부한 가지는 소고기와도 궁합이 좋은 식재료 중 하나입니다. "가지가지 한다."라는 말이 생길 정도로, 가지는 다양한 영양소가 풍부한 채소 중 하나입니다. 소고기와 함께 볶아 소스를 만들어 밥에 올려주면 늘 완밥했던 한 그릇 레시피랍니다.

• 재료 •

소고기 30g, 가지 30g, 대파 5g, 다진 마늘 1/2작은술, 아기간장 1/2큰술,
채수 250㎖, 전분물(전분 5g + 물 30㎖), 참기름 조금

• 요리 과정 •

1 소고기와 대파는 잘게 다지고, 가지는 세로로 4등분 길고 얇게 편썰기해요.

2 오일 두른 팬에 대파와 소고기를 넣고 볶아서 익혀요.

3 가지를 넣고 아기간장을 넣은 뒤 볶습니다.

4 가지가 살짝 익었을 때 채수를 넣고 뚜껑을 닫은 다음 중불에서 5분간 끓입니다.

5 가지가 완전히 익었을 때 전분물을 붓고 걸쭉하게 만든 뒤 참기름을 조금 추가해 주면 소스 완성! 밥 위에 얹어 줍니다.

Tip

전분물을 넣고 빠르게 저어야 전분이 굳어 덩어리지지 않습니다. 걸쭉해지면 가스불을 꺼도 좋아요.

☑ 주재료 소고기, 팽이버섯

소고기 두부 팽이버섯덮밥

부드러운 두부와 오독오독한 식감의 팽이버섯을 소고기와 함께 볶아 만든 덮밥이에요. 특히 완전식품인 콩으로 만들어진 두부, 장 건강에 좋은 팽이버섯, 철분과 비타민 B군이 많은 소고기가 어우러져, 간단하지만 좋은 영양은 다 들어 있는 최고의 레시피랍니다.

• 재료(2회분) •

소고기 다짐육 50g, 두부 30g, 팽이버섯 25g, 당근 10g, 애호박 15g, 다진 마늘 1/2큰술
아기간장 1큰술, 배즙 30㎖,전분물(전분 5g + 물 20㎖), 물 100㎖

• 요리 과정 •

1 소고기는 키친타올로 핏물을 닦아 내고, 두부는 깍둑썰기, 팽이버섯은 4등분,
당근과 애호박은 채 썰고, 전분물을 준비해요.

2 소고기와 채소를 넣고 다진 마늘, 아기간장, 배즙을 넣은 다음
익을 때까지 충분히 볶아 줍니다.

3 재료가 익으면 물을 붓고 두부와 팽이버섯을 넣은 뒤 뚜껑을 닫고
중약불로 5분간 끓여요.

4 전분물을 넣고 빠르게 저어 걸쭉한 농도가 되면 불을 끈 다음
밥 위에 소스를 얹어 마무리해요.

☑ 주재료 사골곰탕, 채소

사골 채소리소토

사골국에 밥을 말아 주면 아이가 밥알을 제대로 씹지 않고 그냥 삼킬 수도 있어요. 그럴 땐 사골국을 활용해 리소토를 만들어 보세요. 영양 가득한 한우 사골국에 치즈가 들어가 촉촉하고 고소한 리소토가 된답니다.

• 재료(2~3회분) •

소고기 50g, 한우 사골곰탕(또는 시판용) 200㎖, 당근 15g, 애호박 20g, 양파 20g, 아기치즈 1장, 저염소금 한 꼬집, 밥 150g

• 요리 과정 •

1 소고기와 당근, 애호박, 양파는 곱게 다져요.

2 다진 재료를 달궈진 팬에 모두 넣고 물을 살짝만 넣은 다음 볶듯이 익혀요.

3 사골곰탕을 붓고 아기치즈와 저염소금 한 꼬집을 넣어 녹입니다.

4 밥을 넣고 촉촉하게 국물이 졸아들 때까지 약불로 저어 가며 끓이면 완성이에요.

Tip

직접 사골을 우리기 힘들다면 시판용 무항생제 한우 사골곰탕을 사용해 보세요.

☑ 주재료 소고기, 알배추

소고기 알배추덮밥

변비 예방에 좋은 알배추로 만든 요리예요. 백김치를 잘 못 먹거나 배추를 낯설어하는 아이라면 소고기 알배추덮밥을 만들어 보세요. 알배추의 달큼한 맛이 우러나 배추와 친해지게 만들어 줘요.

• **재료(2회분)** •

소고기 50g, 알배추 40g, 양파 15g, 당근 15g, 채수 200g, 다진 마늘 1/3큰술,
아기간장 1작은술, 참기름 1/4큰술, 전분물(전분 5g + 물 20㎖), 밥 80g

• **요리 과정** •

1

2

3

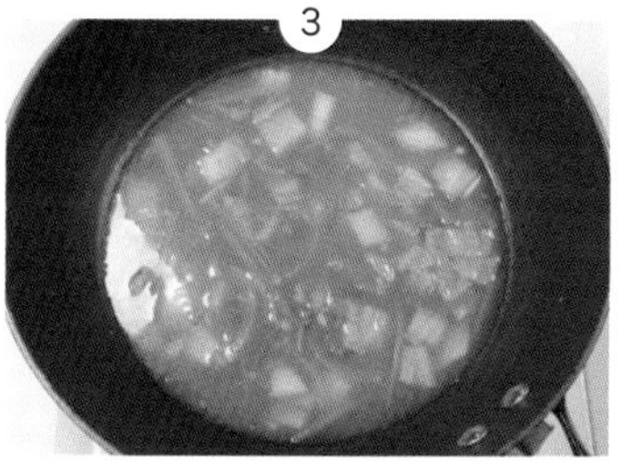

4

1 소고기는 먹기 좋게 다지고 배추는 1cm 사각형으로 썰어요. 양파와 당근은 채 썰어요.

2 소고기와 썰어둔 채소를 모두 넣고 볶아 익혀 줍니다.

3 채수를 넣고 다진 마늘, 아기간장을 넣은 다음 5분간 끓입니다.

4 전분물을 넣고 걸쭉해지도록 저어 졸인 후, 참기름을 넣고 섞어 마무리해요.
소스를 밥 위에 얹어 주면 완성입니다.

Tip

배추의 초록 부분은 쓰고 줄기가 질기므로, 알배추의 달큰한 노란 속 부분 위주로 사용해주세요.

주재료 시금치

시금치 크림카레

철분이 풍부한 시금치는 단맛이 있지만, 줄기 부분은 아이가 먹기 힘들어하더라고요. 줄기 부분까지 먹을 수 있도록 곱게 갈아 모든 영양분을 섭취할 수 있도록 만든 레시피입니다. 초록색이라 모양새가 낯설지만 맛있는지 밥에 얹어 주면 한 그릇 냠냠하지요.

• 재료(2회분) •

시금치 40g, 새우 50g, 양파 25g, 양송이버섯 20g, 우유 200㎖, 카레가루 1큰술, 무염버터 10g

• 요리 과정 •

1 시금치는 뿌리 부분을 잘라 내고 끓는 물에 30초간 데쳐요.

2 새우는 먹기 좋은 크기로 썰고 양파는 채 썰어 주세요.

3 믹서기에 데친 시금치, 양송이버섯, 우유, 카레가루를 넣고 곱게 갈아요(데친 시금치는 식힌 후에 갈아요.).

4 프라이팬에 무염버터를 녹인 다음 썰어 둔 새우와 양파를 볶아 익혀요.

5 곱게 간 시금치 크림을 4에 붓고 약불로 타지 않게 저어가며 5분 이상 걸쭉하게 끓입니다.

Tip

아이의 씹는 힘의 정도에 따라 새우의 입자를 조절해서 만들어 주세요.
치아가 나지 않아 잇몸으로 씹는다면 새우를 좀 더 다져서 조리합니다.

☑ 주재료 애호박

소고기 애호박리소토

익히면 달콤한 맛이 나는 애호박과 철분 보충에 도움을 주는 소고기를 함께 볶아 부드럽게 졸인 리소토예요. 자주 쓰는 재료로 만드는 특별한 레시피랍니다.

• 재료 •

소고기 30g, 애호박 30g, 양파 15g, 아기치즈 1장, 우유 120㎖, 밥 80g

• 요리 과정 •

1 소고기와 애호박, 양파를 먹기 좋게 다져 줍니다.

2 달궈진 프라이팬에 1을 넣고 볶아 익혀요.

3 우유를 붓고 끓어오르면 아기치즈를 넣어 녹여 줍니다.

4 밥을 넣고 소스가 스며들도록 약불로 뭉근하게 졸이면 완성입니다.

Tip

3번 단계에서 저염소금 한 꼬집을 추가하면 풍미가 살아나 더 맛있어요.

☑ 주재료 오징어

오징어 무조림덮밥

단백질과 다양한 미네랄이 풍부한 오징어와 소화가 잘되는 무를 졸여 만든 덮밥이에요. 너무 익히면 질겨지기 때문에 오징어를 다져야 씹을 때 부담이 없어요. 오징어 특유의 고소한 맛과 무의 단맛이 어우러져 잘 먹더라고요.

• 재료(2회분) •

오징어 40g, 무 30g, 당근 15g, 양파 15g, 아기간장 1/2큰술, 다진 마늘 1작은술,
물 200㎖, 전분물(전분 5g + 물 20㎖)

• 요리 과정 •

1 오징어는 잘게 다지고, 무는 작게 깍둑 썰어요. 당근과 양파는 편 썰기로 작게 썰어 주세요.

2 달군 팬에 오징어와 양파, 당근을 넣고 볶아 익혀요.

3 물을 넣고 아기간장, 다진 마늘, 썰어 둔 무를 넣고 뚜껑을 닫아 중불로 5분간 끓여 익혀요.

4 무가 설익으면 전분물을 넣고 빠르게 저어 걸쭉하게 끓여 냅니다.
뜸을 들여 무가 완전히 익었을 때 밥 위에 얹어 완성해요.

Tip

무는 끓일 땐 잘 익지 않지만, 불을 끄고 식히는 과정에서 완전히 익어요.
그러니 어느 정도 재료가 익으면 불을 끄고 뜸을 들이는 것이 좋습니다.

☑ 주재료 전복

전복 내장죽

전복에는 면역력을 강화하는 아연과 다양한 미네랄, 피로 회복에 좋은 타우린과 아미노산이 풍부해서 아플 때 먹는 대표적인 죽이에요. 활전복을 손질하여 나오는 내장까지 전부 사용해 영양죽을 만들어 보세요. 아이가 앓거나 아프고 난 뒤 기력이 없을 때 회복을 도와요.

• 재료(2~3회분) •

전복 40g, 전복 내장 20g, 버섯 20g, 당근 15g, 쌀 100g, 물 750㎖, 참기름 1작은술, 소금 1/3작은술

• 요리 과정 •

1 전복살과 당근, 버섯은 잘게 다지고,
전복 내장은 모래집(모래주머니)을 제거한 다음 깨끗이 씻어 준비합니다.

2 쌀을 30분 이상 물에 충분히 불립니다.

3 달궈진 냄비에 전복 내장을 다지거나 갈아서 넣고, 불린 쌀과 참기름을 넣은 뒤 약불로 볶아 줍니다.

4 다져 둔 전복살과 당근, 버섯을 넣고 물을 넣은 뒤 퍼지도록 중약불로 10분 이상 푹 끓입니다.
이때 눌어붙지 않게 저어가며 끓여 주세요.

Tip

불린 쌀로 죽을 만들면 만드는 시간이 단축되고 부드러워 소화가 잘돼요.

☑ 주재료 **전복**

전복 마늘버터볶음밥

전복은 식감이 단단해 맛을 느끼기 힘든데, 다져서 버터에 볶으면 감칠맛이 더해져 흔히 버터볶음밥으로도 많이 먹어요. 다진 마늘을 넣어 느끼함을 줄이고 감칠맛은 끌어올린 레시피예요.

• 재료 •

전복살 20g, 양파 20g, 당근 15g, 다진 마늘 1작은술, 무염버터 5g, 아기간장 1작은술, 밥 80g

• 요리 과정 •

1 전복살, 양파, 당근, 마늘을 다져서 준비해 줍니다.

2 달궈진 프라이팬에 무염버터를 녹인 후 다진 마늘과 전복, 양파, 당근을 넣고 약불로 볶아 익혀요.

3 밥을 넣고 아기간장을 넣은 뒤 어우러지게 볶아 줍니다.

Tip

중불 이상에서 볶으면 버터가 빠르게 탈 수 있으니 꼭 약불에서 볶아요.

☑ 주재료 파인애플

소고기 파인애플볶음밥

천연 소화제라고도 불리는 파인애플을 넣어 소화가 잘되도록 볶은 달큼한 볶음밥이에요. 소고기와 파인애플 조합이 의외로 잘 어울려서 어른도 함께 먹기 좋아요.

• 재료 •

소고기 30g, 파인애플 20g, 당근 10g, 양파 15g, 무염버터 5g, 아기간장 1/2큰술, 밥 80g, 무염버터 5g, 아기간장 1작은술, 밥 80g

• 요리 과정 •

1 소고기와 양파, 당근은 다지고 파인애플은 작게 깍둑 썰어 준비해요.

2 다진 소고기와 양파 당근을 달궈진 팬에 무염버터를 녹인 다음 볶아 줍니다.

3 밥과 파인애플을 넣고 아기간장을 넣은 뒤 어우러지게 볶아요.

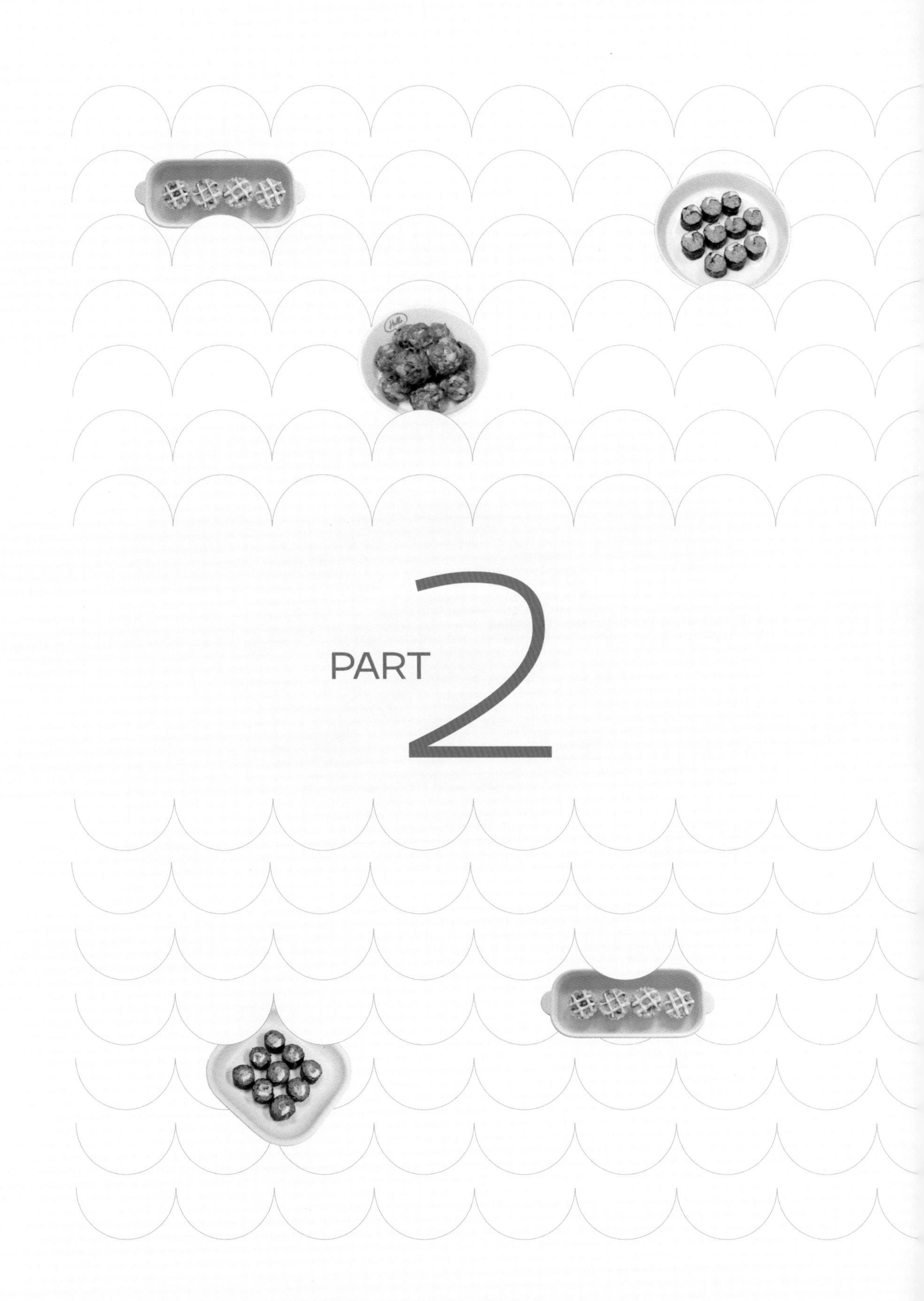

PART 2

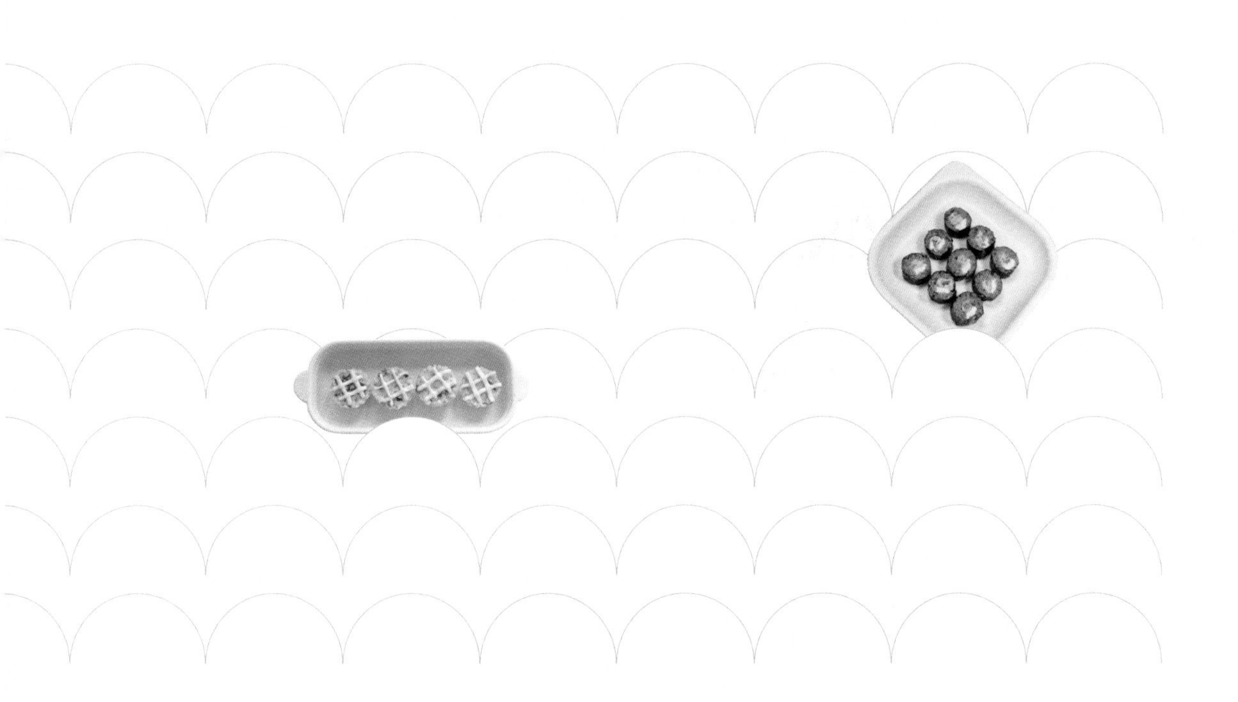

동글동글 냠냠

주먹밥, 김밥

귀엽고 든든한 한 끼

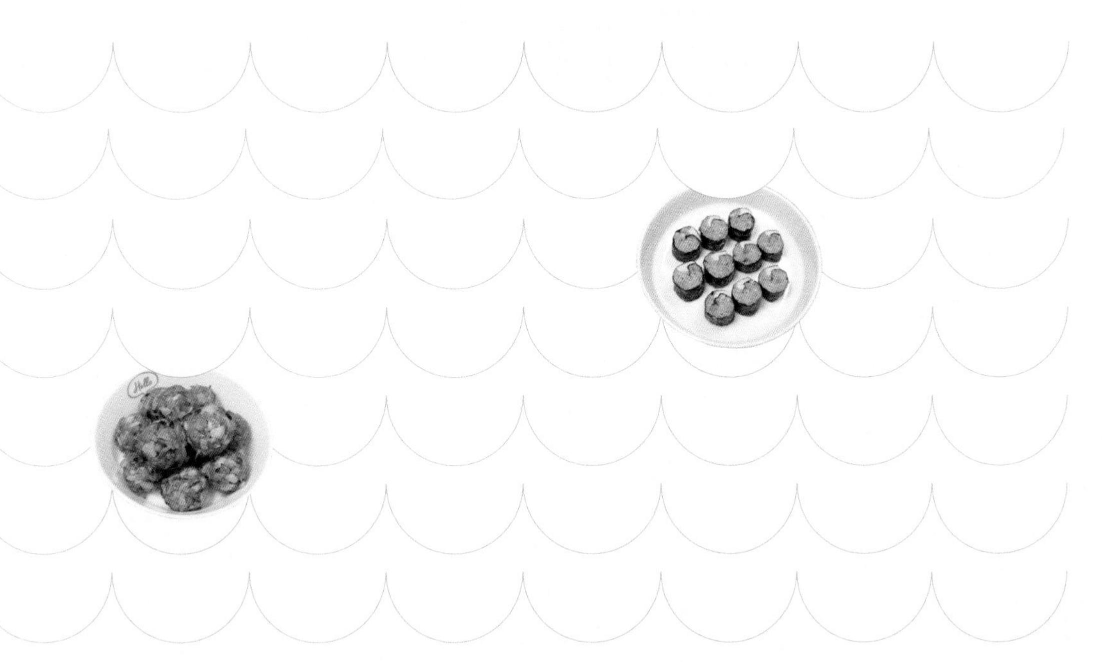

☑ 주재료 소고기

소고기 채소 밥머핀

아직 숟가락질이 서툰 아가들은 손으로 집어 먹는 핑거푸드를 선호해요. 자기주도식으로 만들어 주기 간편한 레시피예요. 82쪽에 있는 만능 소고기 채소볶음으로 만들면 더욱더 간편하게 만들 수 있어요.

• 재료 •

소고기 채소볶음 50g, 달걀 1개, 쌀밥 80g, 참기름 1/4큰술

• 요리 과정 •

1 소고기 채소볶음, 달걀, 쌀밥, 참기름 넣고 잘 섞어 주세요.

2 머핀틀에 담고 전자레인지에 30초 돌린 다음 추가로 30초 다시 돌려주세요.

3 충분히 식힌 후 머핀틀에서 빼줍니다.

Tip

밥을 끊어서 돌려야 밥이 바싹 익거나 마르지 않아요.

☑ 주재료 **게살**

게살밥 프리타타

이탈리안 오믈렛 요리 프리타타를 응용해 게살과 밥을 넣고 만든 요리예요. 흔히 토마토와 시금치, 달걀을 이용해 만들지만, 아이가 쥐고 먹을 수 있게 머핀틀에 밥과 고소한 게살을 넣고 만들어 보았어요. 담백하면서도 게살과 밥이 잘 어우러져 아이가 무척 좋아해요.

• 재료 •

게살 40g, 데친 시금치 30g, 양파 15g, 당근 10g, 달걀 1개, 아기치즈 1장, 무염버터 5g, 밥 80g

• 요리 과정 •

1 게살과 양파, 당근은 곱게 다지고 시금치는 데친 다음 잎 부분만 먹기 좋게 듬성 잘라요.

2 무염버터 두른 프라이팬에 치즈를 뺀 나머지 재료를 볶아요.

3 그릇에 익힌 채소와 게살을 담고 밥, 달걀을 넣은 뒤 곱게 풀어서 섞어 줍니다.

4 머핀틀에 밥 반죽을 담고 치즈를 조금씩 잘라 위에 얹어요.

5 예열한 에어프라이어 180도에서 15분 구워주면 완성입니다.

☑ 주재료 **달걀**

달걀 채소 치즈김밥

밥태기가 왔을 때, 아이가 밥도 반찬도 거부한다면 한입에 쏙 들어가는 김밥만한 게 없죠. 이가 아직 덜 자란 아이가 씹기 편하도록 달걀지단 속에 채소를 볶아 넣어 만든 아기용 꼬마 김밥 레시피입니다. 치즈를 넣어 부드럽고 고소한 맛을 살렸어요.

• 재료 •

달걀 1개, 당근 15g, 애호박 10g, 아기김 6장, 아기치즈 1장, 흑미밥 60g, 참기름 조금

• 요리 과정 •

1 흑미밥에 참기름을 조금 넣고 섞어 한 김 식혀둡니다.

2 애호박과 당근을 잘게 다진 다음 프라이팬에 볶아 익힌 다음 오목한 그릇에 덜어 놔요.

3 익힌 채소에 달걀을 넣고 풀어 준 뒤 프라이팬에 붓고 익히면서 돌돌 말아요.

4 김에 밥을 올리고 채소 달걀지단과 아기치즈를 크기에 맞게 썰어 올린 다음 말아요.

5 먹기 좋게 썰어 주면 완성이에요.

Tip

뜨거운 밥을 김에 얹게 되면 김이 눅눅해져서 식히는 과정이 중요합니다.
김발을 사용하면 손쉽게 말 수 있어요.

닭고기 채소 치즈김밥

완료기 이유식 때부터 한 손으로 쏙쏙 집어 먹는 밥볼을 해 주게 되죠? 아이의 이가 어느 정도 자란 유아식이 되면 고기를 넣어 김밥을 만들어 주세요. 채소와 고기를 김 속에 쏙 숨겨 편식하지 않게 맛있게 먹을 수 있는 메뉴예요.

• 재료 •

닭고기 30g, 애호박 10g, 당근 10g, 아기치즈 1장, 밥 80g, 무조미 아기김 8장

• 요리 과정 •

1 닭고기와 애호박, 당근은 잘게 다져요.

2 다진 닭고기와 채소를 프라이팬에 볶아 익혀요.

3 밥에 볶은 재료를 넣고 참기름을 넣은 다음 잘 섞어서 한 김 식혀요.

4 김 위에 밥을 올린 다음 끝부분에 치즈를 깔고 말아요.
치즈 부분이 붙게끔 눌러 말아 준 뒤 먹기 좋게 썰어 줍니다.

Tip

치즈를 끝에 놓고 김밥을 말면 치즈에 김밥 끝이 붙어서 잘 터지지 않아요.

☑ 주재료 연어

연어 애호박 마요밥볼

오메가3가 풍부한 연어를 익혀서 둥글게 뭉친 밥볼 레시피예요. 마요네즈의 감칠맛이 연어 특유의 비린 맛을 잡아 주어 고소하고 맛있어요.

• 재료 •

연어살 40g, 애호박 25g, 양파 10g, 마요네즈 1/2큰술, 흑미밥 80g

• 요리 과정 •

1 연어살은 먹기 좋게 작게 썰고, 애호박과 양파는 다져요.

2 오일을 두른 팬에 연어살과 다진 애호박, 양파를 넣고 볶아요.

3 한 김 식힌 흑미밥에 익힌 연어살, 애호박, 양파를 넣고 마요네즈를 넣은 뒤 잘 섞어요.

4 먹기 좋은 크기로 동그랗게 뭉쳐 에어프라이어 170도에서 8분 구워줍니다.

Tip

연어는 볶아서 익히면 비린내를 줄일 수 있어요.

☑ 주재료 **참치**

참치 채소 밥전

철분과 오메가3가 풍부한 참치를 넣고 집어 먹기 좋게 만든 밥전 레시피예요. 참치살 식감이 부드러워서 아이가 부담 없이 먹기 좋아요.

• 재료 •

참치 25g, 애호박 15g, 당근 10g, 양파 10g, 흑미밥 60g, 달걀 1개

• 요리 과정 •

1 당근과 애호박, 양파를 잘게 다져요.

2 다진 채소와 참치, 흑미밥, 달걀을 넣고 섞어 밥전 반죽을 만들어요.

3 밥전 반죽을 한 숟갈씩 떠서 올린 뒤 앞뒤로 노릇하게 부쳐 줍니다.

Tip

캔 참치는 염장되어 있습니다. 짠맛을 줄이려면 채반에 참치살만 거른 뒤 뜨거운 물을 천천히 부어 짠맛을 씻어 내요.

PART 3

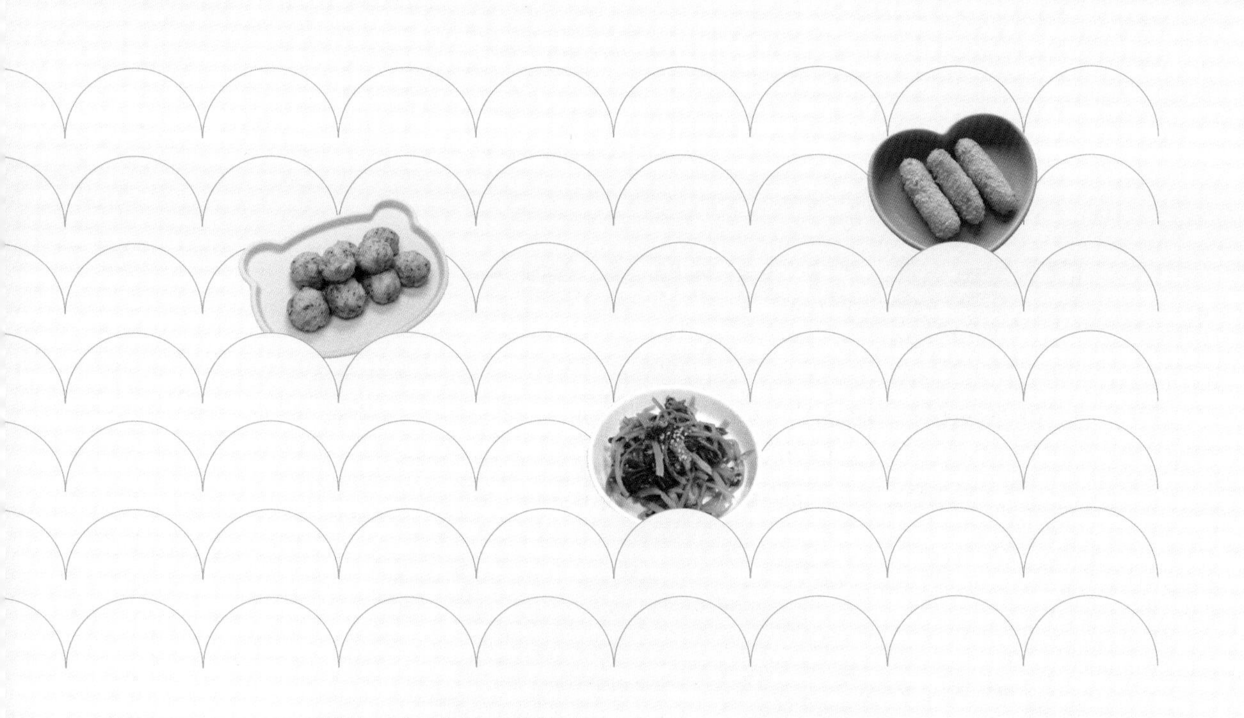

완밥 돕는 실패 없는 반찬

매일 반찬

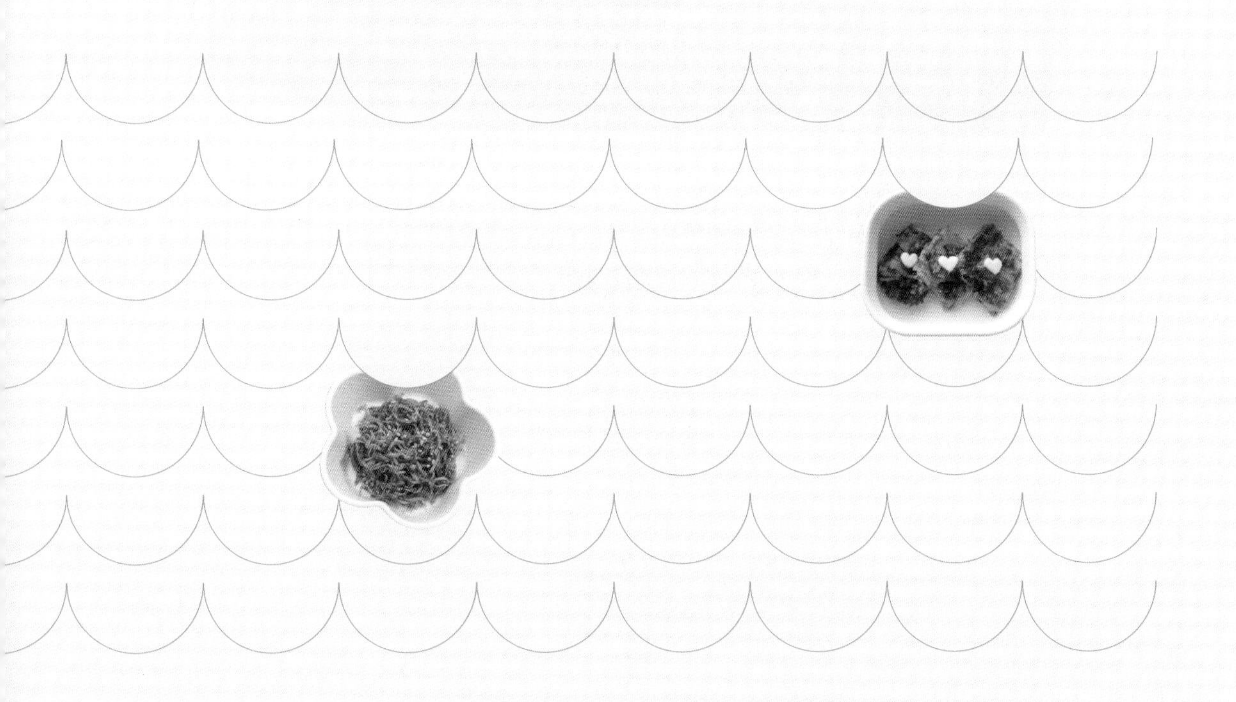

☑ 주재료 소고기, 채소

만능 소고기 채소볶음

미리 만들어 둔 다음 소분해서 냉동실에 보관해 두면 필요할 때마다 주먹밥, 국수, 볶음밥에 활용이 가능한 반찬이에요.

• 재료 •

소고기 100g, 애호박 30g, 당근 20g, 버섯 20g, 양파 20g, 채수 40㎖

• 요리 과정 •

1 소고기와 애호박, 당근, 버섯, 양파를 다져요.

2 프라이팬에 손질한 재료를 모두 넣고 채수를 넣어 볶아요.

Tip

채소가 익으면서 수분이 나오는데, 수분이 날아갈 때까지 중약불로 볶아 주세요.

☑ 주재료 시금치, 참나물

기본 나물 무침

미리 만들어 둔 다음 소분해서 냉동실에 보관해 두면 필요할 때마다 주먹밥, 국수, 볶음밥에 활용이 가능한 반찬이에요.

시금치나물 무침

• 재료 •

시금치 60g, 아기간장 1작은술, 참기름 1작은술, 참깨 조금

• 요리 과정 •

1 끓는 물에 시금치를 1분 이내로 데친 후 찬물에 헹궈 물기를 꼭 짜요.
2 데친 시금치에 아기간장, 참기름을 넣고 버무린 뒤 참깨를 뿌려 마무리해요.

Tip

초록색 잎채소에는 수산(옥살산)이 함유되어 있어 많은 양의 잎채소를 생으로 먹었을 때 소화기에 문제를 일으킬 수 있으니 찌는 방법보단 데친 후 무쳐 먹는 것이 좋습니다.

참나물 된장무침

• 재료 •

참나물 80g, 아기된장 1큰술, 참기름 1작은술, 참깨 조금

• 요리 과정 •

1 참나물을 깨끗이 씻은 후 줄기와 잎 부분까지 3등분으로 잘라요.
2 끓는 물에 줄기 먼저 넣고 20초 후 잎 부분까지 1분 이내로 데쳐요.
3 데친 참나물에 아기된장과 참기름을 넣고 무친 뒤 참깨를 뿌려 마무리해요.

Tip

참나물은 향이 강하고 식감이 질긴 나물이에요. 된장에 무쳐서 본래 향을 덮고 아이에게 줄 땐 잘게 잘라서 반찬으로 내어 주세요.

☑ 주재료 **달걀**

채소 달걀찜

입에 넣으면 부드럽게 뭉개지는 고소한 달걀찜 레시피입니다. 집에 채소와 계란밖에 없을 때 간단하게 만들어 보세요!

• 재료 •

달걀 2개, 당근 5g,
애호박 10g, 양파 10g,
멸치다시육수 40㎖

• 요리 과정 •

1 당근과 애호박, 양파는 잘게 다져요.
2 달걀 2개와 멸치다시육수를 넣고 저어서 섞어 줍니다.
3 찜기에 넣고 10분간 쪄 줍니다(전자레인지 넣고 2분 돌려도 돼요.).

☑ 주재료 멸치

간장 멸치볶음

다양한 생선을 접할 수 있는 유아식. 그중 가장 자주 만들게 되는 반찬이 멸치볶음이에요. 딱딱한 멸치는 식감 때문에 아이가 거부할 수 있으니 부드럽고 촉촉하게 만들어 줍니다.

• 재료 •

지리멸치 20g,
아기간장 1작은술,
마요네즈 1작은술,
배즙 50㎖, 참깨 조금,
올리고당 1작은술

• 요리 과정 •

1 지리멸치를 물에 10분간 불려줍니다.

2 아기간장, 마요네즈, 배즙을 섞어 소스를 미리 만들어요.

3 물에 불린 멸치를 물기를 뺀 뒤 달궈진 팬에 넣고 약불로 수분을 살짝 날려요.

4 가스 불을 끄고 만든 소스를 넣고 뒤적여 섞어요.

5 완전히 식었을 때 올리고당과 참깨를 넣고 잘 섞어 완성합니다.

Tip

간장은 불에 쉽게 타므로 가스 불을 끄고 소스를 넣어 섞어 주세요.

두부 불고기베이크

단백질 가득한 고소한 두부 반죽에 소고기와 채소, 치즈가 들어간 요리예요. 손으로 쥐고 먹기 편해서 반찬 겸 간식으로 주기도 좋아 어디든 어울리는 메뉴랍니다. 튀기지 말고 구워서 만들어 주세요.

• 재료 •

두부 60g, 쌀가루 조금, 소고기 25g, 브로콜리 10g, 양파 10g, 치즈 1장, 버터 5g

• 요리 과정 •

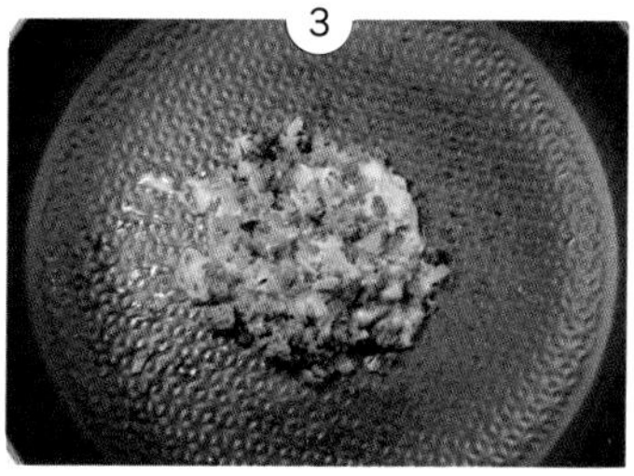

1
2
3
4
5

1 소고기와 양파, 브로콜리는 다져요.

2 두부는 물기를 꼭 짜고 쌀가루를 넣어서 반죽합니다.

3 버터 녹인 프라이팬에 다진 채소를 볶은 다음 불을 끄고 치즈를 섞어요.

4 두부 반죽 속에 채소 속을 넣고 막대 형태로 빚어 주세요.

5 빵가루를 겉에 묻혀 오일을 뿌린 다음 에어프라이어 170도에서 10분 구워 줍니다.

Tip

빵가루가 없다면 떡뻥을 잘게 부숴 사용해요.

☑ 주재료 삼치

삼치 카레구이

그냥 구워서 먹어도 부드럽고 맛있지만, 생선 특유의 냄새를 싫어하는 아이를 위한 레시피예요. 어린이용 카레가루를 쓰는 것이 좋지만 어린이용이 따로 없다면 카레가루 순한맛 작은술만 쓰세요.

• 재료 •

삼치 100g, 카레가루(어린이용 카레가루 또는 비건 카레가루) 1/2큰술, 부침가루 1큰술

• 요리 과정 •

1 삼치 순살 겉에 있는 물기를 닦아 준비합니다.
2 카레가루와 부침가루를 그릇에 넣고 잘 섞어 줍니다.
3 삼치 앞뒤로 가루를 꼼꼼히 묻혀 주세요.
4 달궈진 프라이팬에 약불로 속까지 익혀 주세요.

☑ 주재료 고등어

고등어 무조림

고등어는 오메가3와 불포화지방산이 풍부해 아이의 두뇌 발달 및 성장에 도움을 주는 대표적인 등푸른생선이에요. 부드러운 고등어살과 달큼한 무를 넣어 졸인 맛있는 반찬이에요.

• 재료 •

고등어 순살 120g, 무 50g, 양파 20g, 대파 5g
아기된장 1/2큰술, 배즙 50㎖, 참기름 1작은술, 물 800㎖

• 요리 과정 •

1 무를 나박나박하게 썰고, 양파와 대파는 채 썰어 주세요.
2 아기된장, 배즙, 참기름, 물을 넣고 양념장을 만들어요.
3 무, 양파, 토막 낸 고등어 순살, 대파 순으로 올린 후 양념장을 부어요.
4 뚜껑을 닫고 약불로 무와 고등어가 익도록 15분간 졸여요.

Tip

무와 양파 순으로 깔면 물을 넣지 않아도 채소에서 수분이 나와 고등어가 타지 않아요. 대신 꼭 채소 → 생선 순으로 깔아 주세요.

크림소스 미트볼

대체로 두 돌이 되면 모든 치아가 나오지만, 어금니가 더디게 나오는 아이들도 있게 마련이에요. 그럴 때는 다짐육으로 미트볼을 만들면 소화가 잘되고 저작근 운동에도 도움이 되지요. 한입 크기 미트볼에 크림소스까지 곁들이면 밥투정이 사라질 거예요.

• 재료 •

소고기 다짐육 100g, 돼지고기 다짐육 100g, 다진 마늘 1/3큰술, 빵가루 10g, 브로콜리 20g, 양송이버섯 20g, 양파 15g, 우유 100㎖, 치즈 1/2장, 버터 5g

• 요리 과정 •

1 브로콜리, 양송이버섯은 먹기 좋은 크기로 썰고 양파는 다져요.

2 소고기 다짐육, 돼지고기 다짐육, 다진 마늘, 빵가루를 넣고 섞어 줍니다.

3 미트볼 반죽을 동그란 모양으로 빚은 다음 뒤 프라이팬에 굴려 가며 약불로 굽습니다.

4 구운 미트볼은 따로 덜어 내고 버터를 프라이팬에서 녹인 다음 썰어 둔 채소를 넣고 볶아요.

5 우유와 치즈를 저어 가며 크림을 만든 뒤 익혀 둔 미트볼을 넣고 살짝 졸이면 완성이에요.

하얀 제육볶음

돼지고기는 질긴 식감 때문에 이유식에선 잘 쓰이지 않지만, 유아식에선 단백질 보충을 위해 조금씩 사용하기 시작해요. 익힌 채소 본연의 단맛에 간장의 간을 살짝 더해 맛을 살린 제육볶음 레시피로 온 가족이 함께 즐겨 보세요.

• 재료(4~5회분) •

돼지고기(앞다리살 슬라이스) 120g, 양파 30g, 당근 20g, 애호박 30g, 버섯 30g,
아기간장 1큰술, 배즙 50g, 참기름 1/3큰술

• 요리 과정 •

1 돼지고기, 양파, 당근, 애호박은 작게 깍둑 썰어 줍니다.

2 썰어 둔 재료에 배즙, 아기간장, 참기름을 넣고 조물조물 버무려 주세요.

3 냄비에 재료를 모두 넣고 뚜껑을 닫은 다음 약불에서 5분간 익히고,
뚜껑을 열어 버섯을 넣은 뒤 볶아서 완성합니다.

Tip

뚜껑을 덮고 조리하면 채소에서 수분이 나와 재료가 촉촉하게 익습니다.
채소에서 수분이 나왔을 때 뚜껑을 열고 볶으면 태우지 않고 볶을 수 있어요.

☑ 주재료 돼지고기, 청경채

돼지고기 청경채볶음

재료 조합이 좋으면 요리했을 때 맛이 증폭됩니다. 돼지고기와 청경채도 궁합이 좋은 식재료 중 하나입니다. 굴소스를 조금 넣어 볶아 돼지고기와 청경채의 풍미를 살려 주었어요. 돼지고기의 담백함과 굴소스의 단짠 조합 때문에 청경채도 잘 먹게 된답니다.

• 재료 •

돼지고기(앞다리살 슬라이스) 40g, 청경채 20g, 양파 15g, 당근 10g,
굴소스 1/3큰술, 참기름 1/4큰술

• 요리 과정 •

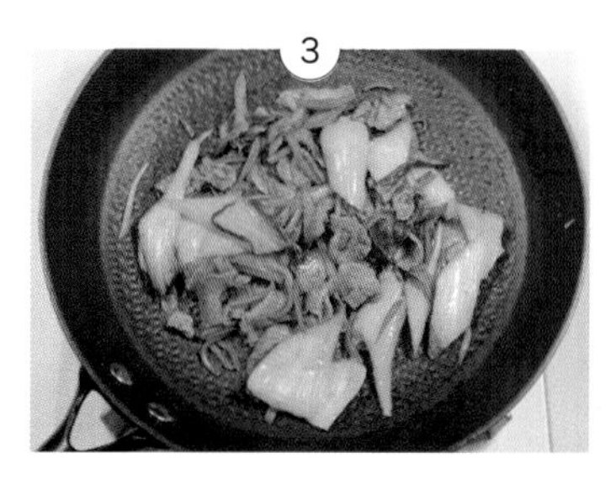

1 돼지고기는 먹기 좋게 썰고 당근과 양파는 채 썰어 주세요.

2 프라이팬에 돼지고기와 당근, 양파를 넣고 볶아서 익힙니다.

3 익힌 재료 위에 굴소스와 청경채를 넣고 볶은 다음 불을 끄고 참기름을 섞어 마무리해 주세요.

Tip

청경채는 잎을 떼어 씻은 후 바로 넣어도 좋지만, 너무 크다면 3등분으로 썰어서 넣어 줍니다.

☑ 주재료 돼지고기, 두부

굴림만두

데구루루 굴려 만들어 이름도 귀여운 굴림만두 레시피입니다. 시중에 파는 만두는 아이가 먹기엔 너무 크고 첨가물까지 들어가 아무거나 사 먹이기 불안하지요. 집에서 간단하게 굴림만두를 만들어 보세요. 그냥 먹어도 좋고 반찬이나 국 요리 등에 활용하기도 좋아요.

• 재료 •

돼지고기 50g, 두부 30g, 당근 15g, 부추 5g, 전분가루 1큰술,
소금 한 꼬집(무염식에는 생략 가능)

• 요리 과정 •

1 돼지고기와 당근, 부추는 다지고 두부는 물기를 꼭 짠 상태로 준비해요.

2 다진 돼지고기와 두부, 당근, 부추를 모두 넣고 으깨어 섞어 반죽을 만들어요.

3 아기 입에 쏙 들어가기 좋은 작은 공 크기로 빚어요.

4 전분가루를 그릇에 담아 반죽 겉에 묻힌 뒤 끓는 물에 담가 3분간 끓여요.
전분가루가 투명하게 코팅되면서 만두소가 퍼지지 않도록 모양을 잡아 줍니다.

≈ ***Tip*** ≈

전분 만두피를 쫀득하게 살리고 싶다면 면보를 깔고 찜기에 5분 이상 쪄 주세요.

☑ 주재료 돼지고기, 두부

아이 동그랑땡

반찬 하면 빠질 수 없는 메뉴 가운데 하나인 동그랑땡! 일반 동그랑땡은 식감이 단단하지만 두부를 많이 넣어 부드러운 식감을 살렸어요. 한 손으로 들고 먹기 좋은 데다가 단백질까지 챙길 수 있는 맛있는 반찬이에요.

• 재료 •

돼지고기 80g, 두부 40g, 애호박 30g, 당근 10g, 양파 15g, 달걀 1개, 전분가루 1큰술,
저염소금 두 꼬집 (무염식에는 생략 가능)

• 요리 과정 •

1

2

3

1 돼지고기와 애호박, 양파, 당근은 곱게 다지고 두부는 면보에 물기를 꼭 짜서 준비합니다.

2 빈 볼에 다진 돼지고기, 채소와 달걀, 전분가루, 저염소금 두 꼬집을 넣고 섞어 치대 반죽합니다.

3 달궈진 프라이팬에 오일을 두르고 반죽 한 숟가락씩 올린 뒤 약불에서 천천히 앞뒤로 부쳐요.

Tip

처음부터 센불에서 부치면 겉만 익고 속은 익지 않을 수 있으니 꼭 약불로 서서히 부쳐서 속까지 익혀 줍니다.

☑ 주재료 새우, 매생이

새우 매생이전

식감이 부드러운 매생이는 철분과 칼슘이 풍부하죠. 단백질, 아연이 풍부한 새우와 함께 부쳐 식감도 부드럽고 함께 먹음으로써 다양한 영양소를 섭취할 수 있답니다. 새우를 갈아서 부쳤더니 부드럽고, 재료 자체에 천연으로 간이 되어 있어서 건강한 반찬이에요.

• 재료 •

새우살 40g, 매생이 30g, 부침가루 1큰술, 달걀 1개

• 요리 과정 •

1 새우는 믹서기나 초퍼로 곱게 다지고, 매생이는 먹기 좋게 가위로 잘게 잘라 준비해요.

2 새우와 매생이, 부침가루, 달걀을 넣고 잘 섞어 반죽을 만들어요.

3 오일을 두른 프라이팬에 한 숟가락씩 올려 앞뒤로 노릇하게 부쳐 줍니다.

☑ 주재료 연어, 브로콜리

연어 브로콜리 감자볼

오메가3가 풍부한 연어를 넣어 동그랗게 만든 한입 반찬이에요. 연어를 싫어하는 아이를 위해 감자와 함께 뭉쳤더니 과자처럼 잘 먹더라고요. 영양이 풍부한 브로콜리도 감자와 잘 어울려 거부감 없이 먹을 수 있답니다.

• 재료 •

연어살 25g, 브로콜리 20g, 감자 100g, 아기치즈 1장

• 요리 과정 •

1 연어와 브로콜리, 감자는 적당히 잘라 손질해 둡니다.

2 찜기에 재료들을 넣고 10분간 쪄서 익혀요.

3 익힌 연어와 브로콜리, 감자를 담고 아기치즈 1장 추가한 뒤 으깨 섞어 줍니다.

4 동그랗게 빚은 다음 에어프라이어 170도에서 8분간 구워 줍니다.

☑ 주재료 닭가슴살, 비트

비트 분홍소시지

이유식 중기 이후부터 무나 비트를 사용하기 시작하는데요. 유아식 때도 비트를 활용해 반찬을 만들어 보세요. 비트의 항산화 작용 효과는 토마토의 8배라고 해요. 비트와 닭가슴살을 섞어 소시지를 만들면 색감과 영양소를 다 잡을 수 있답니다.

• 재료 •

닭가슴살 120g, 익힌 비트 20g, 양파 20g, 참기름 조금

• 요리 과정 •

1

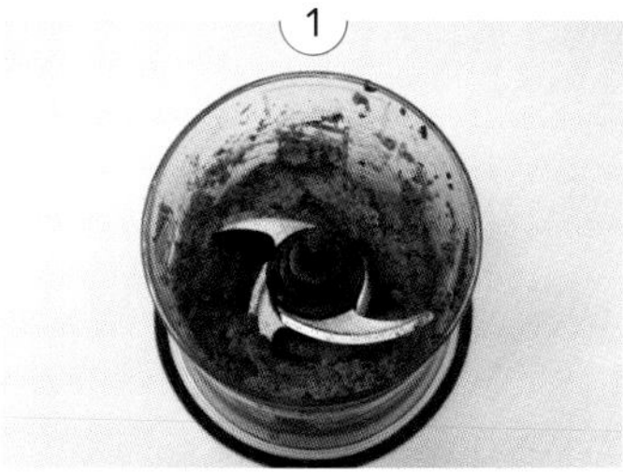

2

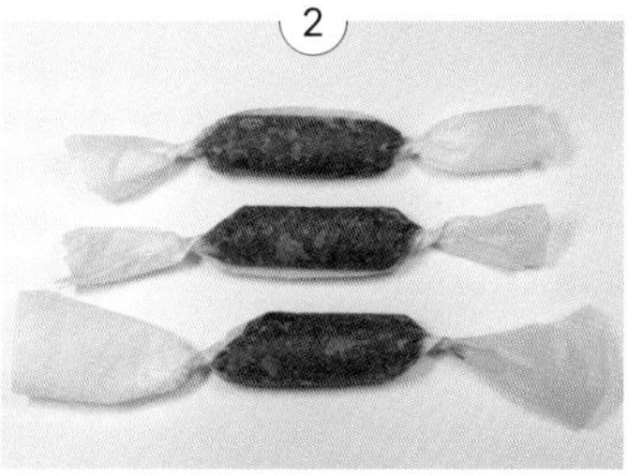

3

1 닭가슴살, 비트, 양파, 참기름을 넣어 곱게 갈아요.

2 종이호일을 길쭉하게 자른 뒤 그 위에 반죽을 올려 사탕 봉지처럼 말아 주세요.

3 찜기에 올려 반죽을 15분 동안 쪄 줍니다.

Tip

그냥 먹어도 좋지만 달걀물을 입혀 구워 주면 정말 소시지 같아요.

☑ 주재료 애호박, 느타리버섯

애호박 느타리버섯무침

가격도 저렴하고 비타민과 섬유소가 풍부한 국민 채소 애호박과 지방을 흡수해 주는 느타리버섯은 최고의 궁합을 자랑해요. 여기에 들깻가루를 넣으면 고소함이 배가 됩니다. 들깻가루에는 뇌 신경 기능을 촉진해 인지 능력을 향상시키는 리놀렌산이 들어 있으니, 나물이나 국 등에 골고루 활용해 주세요.

• 재료 •

느타리버섯 30g, 애호박 30g, 들깻가루 1큰술, 저염소금 1/4큰술, 참기름 1/3큰술

• 요리 과정 •

1 느타리버섯은 가늘게 찢고, 애호박은 채 썰어 주세요.

2 끓는 물에 버섯과 애호박을 1분간 데쳐요.

3 충분히 식힌 후 물기를 꼭 짜 제거하고 들깻가루와 참기름, 저염소금을 넣고 조물조물 무쳐줍니다.

Tip

느타리버섯은 쉽게 상하니 조금씩 만들어 바로 먹는 게 좋아요.
남은 재료는 물기가 없는 상태에서 위생 비닐에 담아 냉장고에 보관해요.

☑ 주재료 애호박, 소고기

애호박 감자채전

익히면 달달한 애호박과 고소한 감자를 채 썰어 소고기와 함께 부쳐 낸 전이에요. 이제 막 유아식을 시작하는 아이도 먹을 수 있도록 채소를 미리 익혀 주는 게 특징이에요. 고소해서 자꾸만 손이 가는 반찬이랍니다.

• 재료 •

소고기 40g, 감자 40g, 애호박 25g, 양파 10g, 전분가루 1큰술, 물 10㎖

• 요리 과정 •

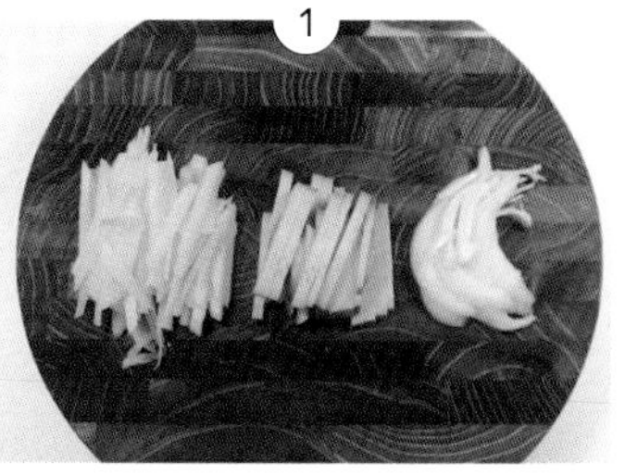

1 소고기는 다져주고 감자와 애호박, 양파는 채 썰어요.

2 채 썬 감자와 애호박은 전자레인지에 2분 돌려 굽기 전에 미리 익혀요.

3 2에 다진 소고기와 양파를 넣고 전분가루, 물을 넣고 잘 섞어 주세요.

4 프라이팬에 반죽을 전부 올리고 납작하게 눌러 가며 앞뒤로 노릇하게 구워요.

5 반찬으로 낼 때는 먹기 좋은 크기로 잘라 주세요.

Tip

감자는 구웠을 때 속까지 익는 데 오래 걸리기 때문에 전자레인지로 미리 익혀 두면 아이가 편하게 먹을 수 있답니다.

☑ 주재료 당근, 두부

당근 두부볼

당근은 비타민 C와 A 등 영양 성분이 풍부해요. 그러나 아이는 너무 많이 먹지 않도록 주의해야 합니다. 채소를 잘 섭취하지 않는 어른이 당근을 많이 먹는 것은 상관없지만 아이가 당근을 너무 많이 먹으면 배가 빵빵한 느낌이 들어 소화하는 데 지장이 있을 수 있어요. 아이는 일주일에 2~3회, 한 번에 50g 이하로 먹는 것이 적당해요.

• 재료 •

당근 30g, 두부 40g, 전분가루 1큰술, 저염소금 한 꼬집

• 요리 과정 •

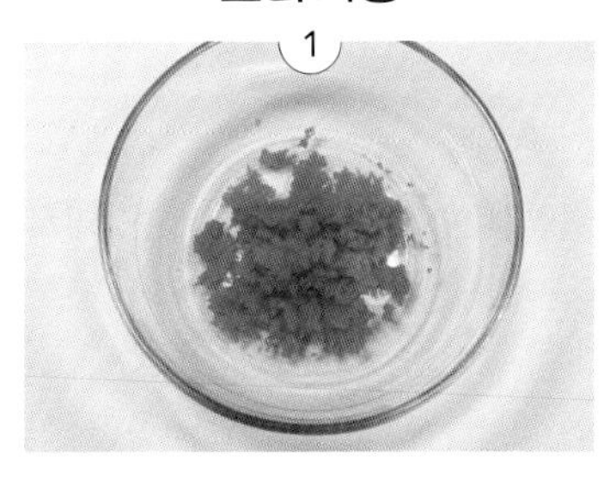

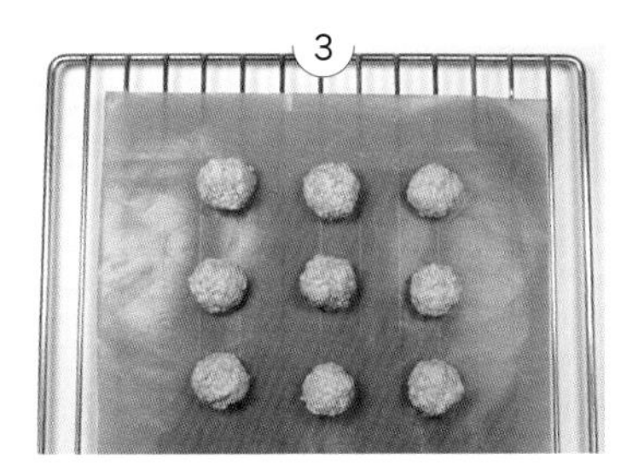

1 당근을 강판에 곱게 갈아요.

2 물기를 제거한 두부에 당근, 전분가루, 저염소금을 넣은 뒤 섞어요.

3 두부 반죽을 조금씩 쥐고 동글하게 빚은 다음 에어프라이어 180도에서 15분 구워요.

☑ 주재료 두부, 새우

두부 새우스테이크

새우는 어느 재료와도 잘 어울리지만, 익으면 식감이 단단해지기 때문에 부드러운 두부를 추가해 만들었어요. 담백한 두부에 감칠맛 풍부한 새우가 조화로운 반찬이랍니다. 식감이 중요한 유아식에서 빼놓을 수 없는 반찬 가운데 하나예요.

• 재료 •

두부 40g, 새우살 60g, 당근 20g, 애호박 20g, 전분가루 1큰술, 오일(적당량)

• 요리 과정 •

1 새우살은 곱게 갈고, 두부는 물기를 제거해 주세요. 당근과 애호박은 잘게 다져요.

2 새우살과 두부, 다진 채소, 전분가루를 넣고 으깨며 잘 섞어 반죽합니다.

3 동글 넓적한 모양으로 빚어 줍니다.

4 오일 두른 팬에 앞뒤로 구워서 완성해요.

Tip

소금 한 꼬집으로 간을 하면 더 맛있게 먹을 수 있습니다.
속이 뜨거울 수 있으니 아이가 먹기 전에 식혀 주세요.

☑ 주재료 가지

가지무침

가지는 다양한 요리 방법이 있지만 쪘을 때 영양소가 배가 되고 식감도 물렁해지지 않아 맛있는 나물 반찬으로 먹으면 좋아요. 찐 가지는 식감이 부드러워 씹는 걸 힘들어하는 아이도 잘 먹는답니다.

• 재료 •

가지 50g, 대파 5g, 아기간장 1/2큰술, 참기름 1/3큰술, 참깨 한 꼬집

• 요리 과정 •

1 가지를 깨끗이 씻은 다음 깍둑 썰고, 대파는 잘게 채 썰어요.
2 찜기에 물이 끓으면 가지를 넣고 5분간 쪄요.
3 가지를 충분히 식힌 후 채반에 밭친 다음 꾹꾹 눌러 물기를 짜요.
4 물기를 제거한 가지에 아기간장, 참기름, 참깨를 넣고 조물조물 무쳐요.

Tip

뜨거운 상태에서 물기를 빼고 무치면 쉽게 상하니 꼭 식힌 다음 무쳐요.

☑ 주재료 오이

오이무침

아삭한 식감과 수분 보충에 좋은 반찬이에요. 더위에 입맛이 사라졌을 때 만들어 보세요. 상큼한 맛이 입맛을 돋우어 반찬으로 내주기 좋아요.

• 재료 •

오이 60g, 설탕 1/2큰술, 식초 1/4큰술, 소금 1/3큰술, 물 300㎖

• 요리 과정 •

1 오이의 껍질은 벗기고 속을 파내요.

2 먹기 좋은 크기로 썬 다음 물에 소금을 타서 녹인 뒤 15분간 담가 둡니다.

3 오이를 물로 살짝 씻어 내 소금기와 물기를 빼고 식초와 설탕을 넣어 무쳐요.

☑ 주재료 새우

새우완자

새우는 익혔을 때 식감이 단단해지기 때문에 다져서 동그랗게 완자로 빚어서 주면 좋아요.
한 개씩 집어 먹을 수 있어서 재미있고, 식감이 부드러워서 아이가 정말 잘 먹는 반찬입니다.

• 재료 •

새우살 60g, 당근 10g, 애호박 20g, 양파 15g, 전분가루 1큰술, 달걀 1개

• 요리 과정 •

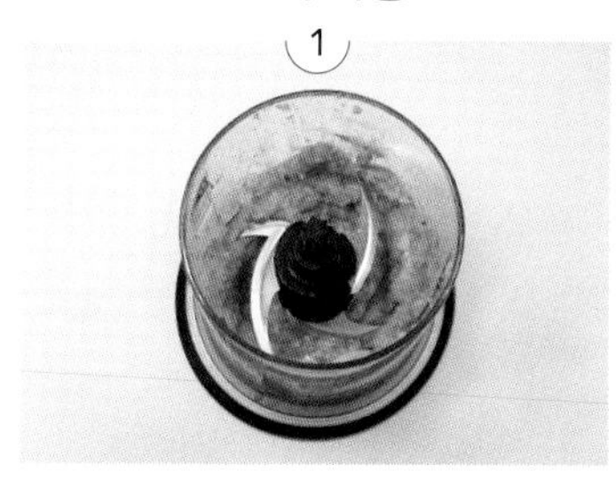

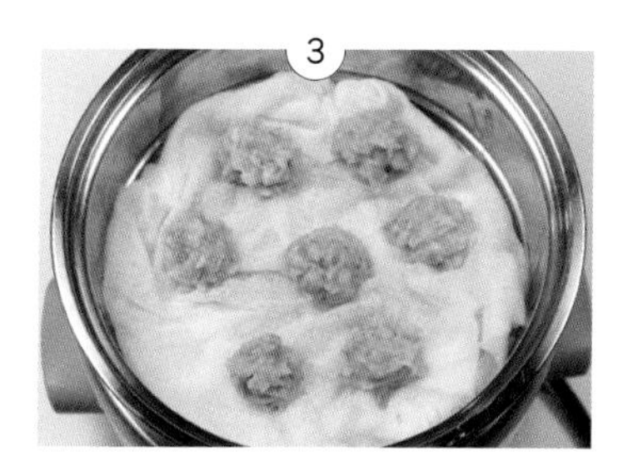

1 새우살과 당근, 애호박, 양파를 넣고 곱게 갈아요.

2 1에 전분가루와 달걀을 넣고 잘 섞습니다.

3 면보 올린 찜기에 반죽을 동그랗게 떠서 올린 후 10분간 찝니다.

☑ 주재료 흰살 생선

어묵볼

세 가지 바다 해산물이 들어가는 수제 어묵볼이에요. 시중에 판매하는 어묵보다 더 맛있고 첨가물이 들어가지 않아 건강한 어묵 레시피랍니다. 생선 살이 풍부해 단백질 보충하기에도 좋아요.

• 재료 •

흰살 생선 60g(명태살 혹은 가자미살의 가시와 껍질을 제거해서 준비), 새우 60g, 오징어 40g, 당근 15g, 애호박 20g, 양파 15g, 달걀 1개, 전분가루 1큰술

• 요리 과정 •

1 새우, 오징어, 흰살 생선을 손질한 다음 믹서기에 곱게 갈아 주세요.

2 당근, 애호박, 양파를 곱게 다져요.

3 1과 2, 달걀, 전분가루를 넣고 섞어 반죽을 만들어요.

4 반죽을 한 숟갈씩 떠서 동그랗게 모양을 잡아 가며 프라이팬에서 구워요.

Tip

익힌 해산물보다 생물로 만들어야 잘 뭉쳐져서 예쁘게 구울 수 있답니다.

☑ 주재료 오징어, 두부

오징어 두부 땅콩조림

땅콩버터 소스에 졸여 고소한 맛이 일품인 오징어 두부 땅콩조림 레시피예요. 일반 땅콩은 목에 걸릴 위험이 있어서 100% 땅콩버터를 사용해 졸여 주었어요. 쫄깃함과 부드러운 식감에 고소함을 더해서 아이들이 좋아하는 반찬이에요.

• 재료 •

오징어 30g, 두부 40g, 땅콩버터 1작은술, 아기간장 1작은술, 물 50㎖, 참기름 조금

• 요리 과정 •

1 오징어와 두부는 먹기 좋은 크기로 썰어요.

2 땅콩버터, 아기간장, 물, 참기름을 넣고 잘 섞어서 소스를 만들어요.

3 오징어와 두부를 넣고 볶아서 익혀 주세요.

4 땅콩 소스를 넣고 약불에서 버무리듯이 볶아 주면 완성이에요.

오징어 대파전

비 와서 파전이 생각나는 날! 집에서 대파 썰어서 오징어 넣고 부쳐 주기 좋은 전 레시피입니다. 손으로 집어 먹기 편하고 오징어를 다져 넣어 아이들이 편하게 먹을 수 있어 좋아요.

• 재료 •

오징어 25g, 대파 15g, 부침가루 2큰술, 물 50㎖

• 요리 과정 •

1 대파는 얇게 채 썰고, 오징어는 다져요.

2 채 썬 대파와 다진 오징어, 부침가루, 물을 넣고 잘 섞어 반죽을 만들어 주세요.

3 달궈진 프라이팬에 오일을 두르고 한 숟갈씩 떠서 앞뒤로 부쳐 줍니다.

Tip

부드러운 식감을 만들고 싶다면 물기 제거한 두부 5g을 으깨서 반죽에 넣어 주세요.

소고기완자

철분 섭취를 위해 소고기를 자주 먹이지만 조금은 색다르게 주고 싶을 때, 동그란 모양으로 빚어 구워 낸 소고기완자예요. 채소를 다져 넣어 편식하는 아이도 채소가 들어갔는지 모르게 집어 먹게 되지요.

• 재료 •

소고기 100g, 당근 15g, 애호박 20g, 양파 20g, 두부 30g, 다진 마늘 1/3큰술, 아기간장 1/2큰술

• 요리 과정 •

1

2

3

1 소고기와 당근, 애호박, 양파를 넣고 곱게 간 다음 두부와 다진 마늘, 아기간장을 넣고 반죽합니다.

2 완자 모양으로 동그랗게 빚어 주세요.

3 에어프라이어 170도에서 10~15분간 굽습니다.

Tip

두부를 넣으면 식감이 부드러워져요. 두부를 넣을 땐 채반에 놓고 물기를 어느 정도 뺀 후에 반죽에 넣어 주세요.

☑ 주재료 소고기

아이 불고기

시중에 판매하는 양념 불고기나 어른용 불고기는 단맛이 강해요. 설탕 대신 배즙으로 고기 양념을 만들어 보세요. 아이도 먹을 수 있고, 어른도 건강하게 먹을 수 있는 요리가 된답니다. 자기 전 양념에 재워 놓고 아침에 휘리릭 볶기만 하면 등원 전에도 먹일 수 있어서 좋아요.

• 재료 •

불고기용 소고기 200g, 당근 20g, 양파 40g, 팽이버섯 20g, 대파 10g,
아기간장 1큰술, 다진 마늘 1작은술, 배즙 50㎖, 참기름 1작은술

• 요리 과정 •

1 당근과 양파, 대파는 채 썰고 팽이버섯은 4등분으로 썰어 주세요.

2 그릇에 아기간장, 다진 마늘, 배즙, 참기름을 넣고 섞어 양념을 만들어 주세요.

3 양념에 불고기용 소고기와 손질한 채소를 모두 넣고 골고루 섞어 줍니다.

4 달군 프라이팬에 3을 넣고 잘 볶아요.

Tip

바로 구워도 되지만 숙성하면 고기에 양념이 배어 더 맛있어집니다.
냉장고에서 1시간~4시간 정도 숙성해 주세요.

소고기육전

어른들이 먹는 육전은 넓적한 홍두깨살이나 얇게 썬 부챗살을 많이 사용해요. 하지만 아직 이가 다 자라지 않은 아이들은 그마저도 질겨서 먹기 힘들어요. 소고기를 다져서 만들면 부드러운 식감 때문에 아이가 잘 먹습니다.

• 재료 •

소고기 50g, 달걀 1/2개, 전분가루 1큰술, 물 10㎖

• 요리 과정 •

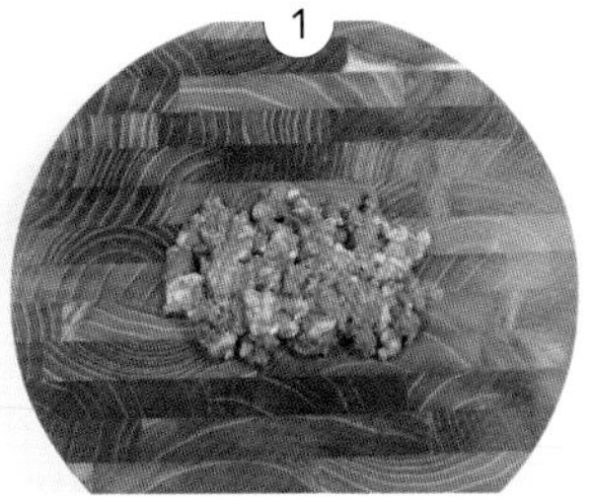

1

2

3

1 소고기 50g을 곱게 다져요.

2 다진 소고기와 전분가루, 물을 넣고 잘 섞어 반죽합니다.

3 모양을 납작하게 만든 다음 달걀물을 풀어 겉면에 묻혀서 구워요.

Tip

모양을 빚은 다음 달걀물을 입히기 힘들다면 달걀물을 먼저 팬에 올린 다음
빚은 고기를 올리고 달걀물을 다시 덮어 앞뒤로 구워 주세요.

PART 4

영양 만점 따끈한 국물 요리

국, 탕

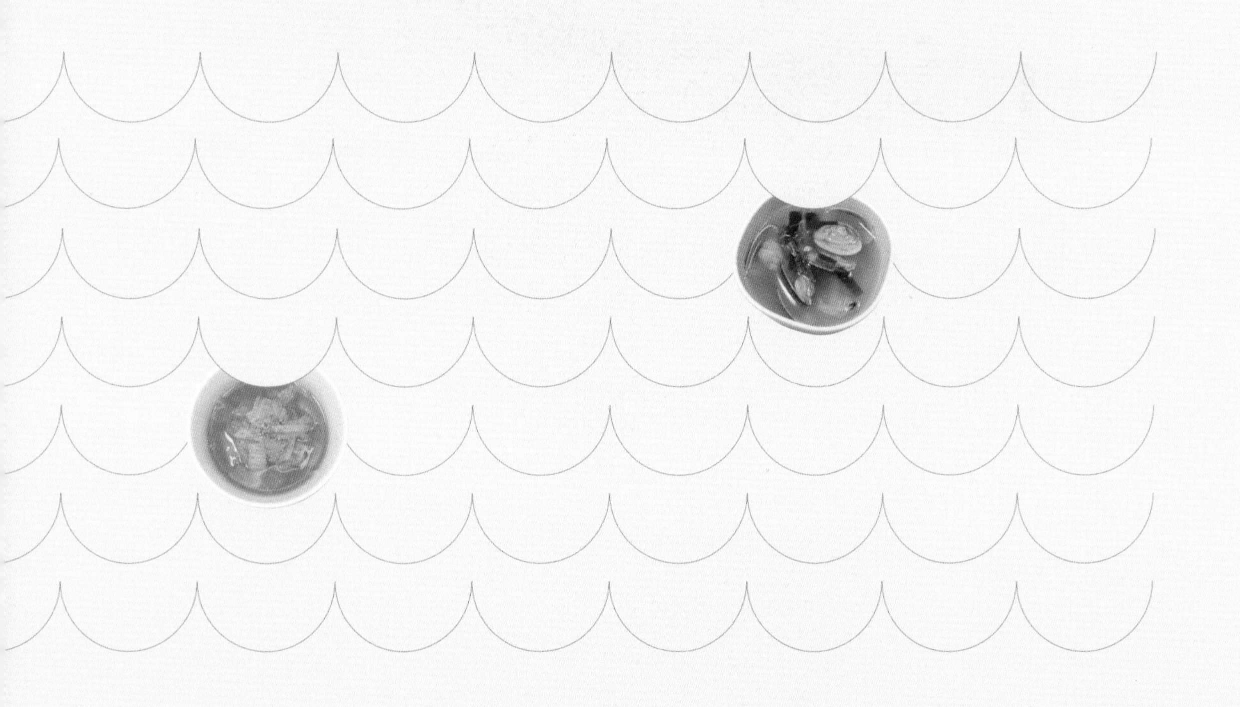

☑ 주재료 소고기, 무

소고기 무채 들깻국

소화기관이 약한 아이들에게 끓여 주면 좋은 속 편한 소고기 무채 들깻국이에요. 고소한 들깨가 들어가 국물 맛이 깊고, 달큼한 무와 소고기 궁합이 좋은 음식이에요.

• 재료 •

소고기 30g, 무 100g, 들깻가루 1큰술, 채수 400㎖, 참기름 1작은술

• 요리 과정 •

1 무는 채 썰고, 소고기는 잘게 다져요.

2 냄비에 채수를 조금 붓고 다진 소고기와 채 썬 무를 넣고 고기가 익을 때까지 볶습니다.

3 채수 나머지를 붓고 참기름 조금, 들깻까루를 넣은 뒤 중불로 10분간 푹 끓이면 완성이에요.

☑ 주재료 달걀, 김

소고기 달걀 김국

김은 비타민A와 B1, B2, B6, C, E 등 다양한 비타민을 함유하고 있어요. 또한 김에는 단백질이 들어 있을 뿐 아니라 장에 좋지 않은 영향을 미치는 독소 물질도 제거해 주는 만능 식재료랍니다.

• 재료 •

소고기 30g, 양파 20g, 아기 김 8장, 달걀 1개, 채수 300㎖, 아기간장 1/2큰술, 참기름 1/4큰술

• 요리 과정 •

1 소고기는 먹기 좋게 다지고, 양파는 채 썰어 줍니다.

2 소고기와 양파를 볶아서 익혀 주세요.

3 2에 채수와 아기 김을 부숴 넣고 아기간장 넣은 뒤 5분간 중불로 끓여줍니다.

4 김이 퍼졌을 때 달걀을 풀어 넣고 살짝 저은 뒤 참기름 조금 넣어 마무리합니다.

Tip

아이의 월령이 낮을수록 김은 더 잘게 부수어 넣어 주세요.

☑ 주재료 소고기, 팽이버섯

소고기 팽이버섯 맑은 국

변비가 없던 아이들도 유아식을 하다 보면 변비에 걸릴 때가 있어요. 그러면 속이 불편해서 밥을 거부하기 십상이에요. 이럴 땐 섬유질 풍부한 과일, 채소, 통곡물을 먹여 장내 미생물 균형을 맞춰 주어 장을 튼튼하게 해 주어야 해요. 팽이버섯은 식이섬유가 많고 육류의 콜레스테롤 수치를 잡아 주기 때문에 고기와 함께 먹으면 딱 좋아요.

• 재료 •

소고기 50g, 무 50g, 팽이버섯 20g, 아기간장 1큰술, 채수 300㎖, 다진 마늘 1/3큰술

• 요리 과정 •

1 소고기는 먹기 좋게 썰고, 무는 나박썰기해 주세요. 팽이버섯은 2~3등분합니다.

2 아기간장을 넣고 소고기와 무를 약불로 볶아 줍니다.

3 채수를 붓고 팽이버섯, 다진 마늘을 넣은 다음 10분간 끓여 주세요.

Tip

위 레시피에 간과 고춧가루를 취향껏 추가하면 어른도 먹을 수 있어요.

☑ 주재료 소고기, 미역

소고기 미역국

아이가 생후 12개월이 되면 첫돌을 맞이함과 동시에 유아식을 시작하는데요, 아이 생일을 기념해 끓여 주기 좋아요. 미역에는 철분이 풍부해 철분이 부족한 이 시기에 영양소를 담뿍 채울 수 있어요. 유아식 국은 미역국으로 시작해 보세요.

• 재료 •

소고기 50g, 건미역 5g, 다진 마늘 1/4큰술, 아기간장 1/2큰술,
멸치육수 300㎖, 참기름 1/3큰술

• 요리 과정 •

1 건미역을 물에 담가 30분 이상 충분히 불립니다.

2 소고기 다지듯이 썰고, 마늘을 다져서 준비해요.

3 불린 미역과 소고기를 넣고 아기간장을 추가 후 중약불로 볶아요.

4 멸치육수를 붓고 다진 마늘을 넣은 뒤 약불로 30분 이상 끓입니다.
미역이 퍼지고 국물이 우러나면 참기름을 넣어 마무리합니다.

Tip

미역과 소고기를 참기름에 볶으면 금세 타 버릴 수 있으니, 꼭 간장을 넣고 볶아 주세요.

☑ 주재료 소고기, 매생이

소고기 매생이 뭇국

철분이 가득한 매생이! 매생이에 들어 있는 철분이 우유의 40배나 된다고 해요. 적혈구 생성을 돕고 빈혈을 예방하거나 개선시켜 주는 고마운 식재료예요. 식감도 미역보다 부드러워 국으로 끓여 줬을 때 남김없이 먹는 국 요리예요.

• 재료 •

소고기 50g, 매생이 40g, 무 60g, 다진 마늘 1/3큰술, 아기간장 1/2큰술, 멸치육수 300㎖

• 요리 과정 •

1 소고기는 다지고, 무는 깍둑 썹니다.

2 소고기와 무를 넣고 물 20㎖, 아기간장을 넣고 볶습니다.

3 멸치육수와 매생이를 넣고 다진 마늘을 추가한 다음 무가 익을 때까지 20분간 약불로 끓입니다.

☑ 주재료 매생이, 두부

매생이 두부 달걀국

부드럽고 고소한 두부 달걀국에 매생이를 넣어 영양을 더해 보세요. 매생이와 두부를 함께 먹으면 피부의 수분을 보충하고 몸속 활성산소를 배출시켜 줘서 엄마 아빠도 함께 먹으면 좋아요.

• 재료 •

매생이 30g, 두부 40g, 양파 20g, 채수 300㎖, 달걀 1개, 아기간장 1큰술

• 요리 과정 •

1 두부는 깍둑 썰고 양파는 채 썰어요.

2 채수가 끓으면 매생이와 양파를 넣고 아기간장을 넣어서 5분간 끓입니다.

3 달걀을 넣어 살짝 저으면서 풀고, 3분간 더 끓여 마무리해요.

Tip

소금으로 간을 맞추면 어른도 먹을 수 있어요.

☑ 주재료 오징어

오징어 뭇국

흔히 먹는 오징어 뭇국에는 매콤한 고춧가루를 넣지만 조리 과정에서 고춧가루만 빼면 맛있는 유아식 국이 된답니다. 단백질과 면역에 좋은 아연이 풍부한 오징어를 활용해 맛있는 국을 만들어 주세요.

• 재료 •

오징어 40g, 무 40g,
대파 10g, 다진 마늘 5g,
멸치다시마 육수 300㎖,
아기간장 1/2큰술,
참기름 1/2작은술

• 요리 과정 •

1 오징어와 무는 네모 모양으로 작게 썰어 주고, 대파는 채 썰어 주세요. 마늘은 다져서 준비해요.

2 무와 오징어를 넣고 아기간장, 참기름을 넣은 다음 약불로 간이 배이도록 볶아요.

3 육수를 붓고 다진 마늘을 넣은 뒤 10분간 끓여 무를 익혀요.

4 무가 익었다면 채 썬 대파를 넣고 한소끔 끓여 마무리합니다.

Tip

센불에서 볶으면 탈 수 있으니 약불로 볶아 주세요.

☑ 주재료 북어

북엇국

뽀얀 국물이 일품인 국입니다. 생선 살의 담백한 맛과 끓이면 끓일수록 깊은 맛이 우러나 별다른 육수를 사용하지 않아도 맛있는 국 요리예요.

• 재료 •

북어채 15g, 무 40g, 두부 30g, 대파 10g, 달걀 1개, 아기간장 1/2큰술, 다진 마늘 1/4큰술, 참기름 1/4큰술, 멸치육수 300㎖

• 요리 과정 •

1 북어채를 먹기 좋은 크기로 잘라 10분간 물에 불립니다.
2 무와 두부는 깍둑썰고, 대파는 채 썰어 주세요.
3 불린 북어채와 무, 참기름을 넣고 약불에서 살짝 볶아 주세요.
4 멸치육수를 붓고 아기간장, 다진 마늘을 넣고 10분간 끓입니다.
5 달걀을 풀어 넣고 두부와 대파를 넣은 뒤 참기름 넣어 3분간 더 끓입니다.

☑ 주재료 대구

대구탕

어른이 먹는 대구탕에는 고춧가루와 소금이 들어가 간이 센 편이지만, 유아식 대구탕은 다진 마늘이 맛을 좌우해요. 마늘을 익히면 매운맛이 사라지고 깊은 맛이 난답니다. 대구살이 부드러워 아이가 특히나 좋아했던 국 요리입니다.

• 재료 •

대구살 120g, 두부 50g, 무 50g, 쑥갓 20g, 다진 마늘 1작은술, 아기간장 1큰술, 멸치다시육수 400㎖

• 요리 과정 •

1 무와 두부는 깍둑 썰고, 대구살과 쑥갓은 먹기 좋은 크기로 썰어요.

2 끓는 멸치다시육수에 대구살과 무, 아기간장, 다진 마늘을 넣고 10분간 끓입니다.

3 무가 살짝 익었다면 두부와 쑥갓을 넣고 5분간 더 끓여 줍니다.

Tip

고춧가루와 소금 간을 추가하면 어른도 먹을 수 있는 대구탕이 완성됩니다.

☑ 주재료 바지락

바지락 부추 맑은 국

깔끔하고 시원한 맛이 일품인 바지락 부추 맑은 국! 부추는 그냥 먹으면 떫고 매운맛이 있지만, 바지락과 함께 국으로 끓이면 매운맛이 사라져요. 동의보감에서 부추는 심장에 좋고 위와 신장을 보호하며, 폐의 기운을 돕는다고 나와요. 그만큼 신체 주요 기관에 좋은 재료랍니다.

• 재료 •

바지락 100g, 부추 10g, 양파 20g, 다진 마늘 1/3큰술, 물 300㎖, 해감용 저염소금물, 저염소금 한 꼬집(무염은 생략 가능)

• 요리 과정 •

1 바지락은 저염소금 녹인 물에 푹 담그고 검은 비닐봉지를 덮어서 냉장고에 넣어 1시간 이상 해감해 주세요.

2 부추는 짧게 썰고 양파는 채 썰어 주세요.

3 바지락을 깨끗이 씻어 넣고 채 썬 양파, 다진 마늘, 저염소금을 넣은 뒤 끓는 물에 10분간 삶아줍니다.

4 육수가 우러나오면 부추를 넣어 3분간 더 끓인 다음 마무리해요.

☑ 주재료 가자미

가자미 들깨 미역국

가자미는 식감이 부드러운 흰살 생선 중 하나예요. 찜, 구이 등으로 많이 먹지만 이제 막 유아식을 시작하는 아이에게는 자극적이지 않게 국으로 만들어 주세요. 가자미에는 뇌와 신경에 필요한 에너지를 주는 B1이 풍부하게 있어서 두뇌 발달에 도움이 됩니다.

• 재료 •

가자미살 100g, 건미역 15g, 다진 마늘 1작은술, 들깻가루 1큰술, 아기간장 1큰술, 물 500㎖

• 요리 과정 •

1 건미역을 물에서 1시간 이상 충분히 불려요.

2 가자미살은 먹기 좋게 토막 썰고, 다진 마늘을 준비합니다.

3 불린 미역은 간장에 약불로 볶은 후 숨이 살짝 죽으면 물을 붓습니다.

4 가자미살과 다진 마늘, 들깻가루를 넣은 다음 20분 이상 중약불로 푹 끓여요.

Tip

미역은 끓이면 끓일수록 미역국이 퍼져서 더 부드럽고 맛있어져요.
국물이 졸아 들면 물을 조금 더 넣고 끓여 주세요.

☑ 주재료 새우

새우완자탕

새우는 따로 간을 하지 않아도 될 만큼 식재료 자체에 간이 배어 있어 어떻게 요리해도 맛있는 재료예요. 미역국이나 된장국이 질릴 때 한 번씩 새우완자탕을 만들어 보세요. 동글동글 재밌는 모양 덕에 즐거운 식사 시간이 될 수 있답니다.

• 재료 •

새우살 60g, 당근 15g, 애호박 20g, 청경채 20g, 양파 20g, 채수 300㎖, 달걀 1개

• 요리 과정 •

1 새우살과 당근, 애호박을 곱게 갈아 주세요.

2 국에 따로 넣을 청경채와 양파는 채 썰어요.

3 채수가 끓으면 청경채와 양파를 넣고 새우 반죽을 동그랗게 만들어 바로 넣어요. 충분히 익도록 10분간 끓입니다.

4 새우완자가 익으면 달걀을 풀고 30초 뒤 휘릭 저은 다음 3분간 더 끓입니다.

Tip

작은 숟가락 두 개로 굴려 가며 동그란 모양을 만들면 손으로 빚지 않고도 완자를 만들 수 있어요.

☑ 주재료 애호박, 새우

애호박 새우 달걀국

탱글한 새우살과 달달한 애호박, 부드러운 달걀의 조합이 좋은 국입니다. 밥을 말아 주면 새우 감칠맛에 아이가 밥 한 공기를 뚝딱하게 되는 국이에요.

• 재료 •

애호박 30g, 새우살 40g, 양파 20g, 대파 5g, 달걀 1개, 채수 300㎖,
다진 마늘 1/3큰술, 아기간장 1/2큰술

• 요리 과정 •

1 새우살은 숭덩숭덩 썰고, 애호박은 작게 반달썰기, 양파와 대파는 채 썰어 주세요.

2 프라이팬에 채수 2큰술을 넣고 새우살과 애호박, 양파를 볶아요.

3 2에 육수를 넣고 아기간장, 다진 마늘을 넣고 10분간 끓입니다.

4 끓는 국에 달걀 1개를 풀고 30초 후 천천히 저어 주세요.
대파를 넣은 다음 3분간 더 끓여 줍니다.

Tip

달걀물을 넣고 바로 휘저으면 지저분하게 흩어져 국물이 탁해지니 30초 뒤에 천천히 저어 주세요.

☑ 주재료 감자, 달걀

감자 달걀국

감자에는 사과나 당근보다 많은 비타민C가 들어 있어요. 그래서 감자를 자주 먹이면 면역력 강화에 좋답니다. 삶아 먹으면 퍽퍽할 수 있으니 부드러운 달걀과 함께 국으로 끓여 주세요.

• 재료 •

감자 1개(80g), 달걀 1개, 대파 10g, 다진 마늘 1/2큰술, 멸치다시육수 400㎖

• 요리 과정 •

1 껍질 깎은 감자는 깍둑 썰고, 양파와 대파는 채 썰어 주세요. 달걀은 미리 풀어 두어요.

2 멸치다시육수가 팔팔 끓으면 감자와 양파, 다진 마늘을 넣고 중약불로 5분간 끓여요.

3 감자가 설익으면 달걀물을 넣고 10초 뒤 저어 풀어 준 다음 중약불로 5분간 더 끓입니다.

4 채소가 완전히 익으면 채 썬 대파를 넣어 마무리해요.

☑ 주재료 순두부, 달걀

순두부 달걀국

단백질 가득한 몽글몽글 부드러운 순두부와 달걀이 들어간 담백한 국 요리예요. 고소한 데다 식감이 부드러워 거친 식감의 식재료를 잘 먹지 못하는 아이한테 좋은 음식이지요.

• 재료 •

순두부 60g, 당근 15g, 양파 20g, 대파 5g, 달걀 1개, 채수 300㎖, 아기간장 1큰술

• 요리 과정 •

1 순두부는 넓적하게 썰고 양파, 당근, 대파는 채 썰어 줍니다.

2 채수에 당근과 양파를 넣고 간장을 넣은 뒤 5분간 끓입니다.

3 육수가 끓으면 순두부와 달걀물을 풀고 대파를 추가해 5분간 더 끓여요.

☑ 주재료 알배추

배추 들깻국

고소한 들깻가루를 넣어 배추와 함께 구수하게 끓여 낸 국이에요. 들깻가루와 알배추가 잘 어울려 특별한 재료를 넣지 않아도 맛있는 국을 끓일 수 있어요.

• 재료 •

알배추 50g, 양파 20g, 들깻가루 1큰술, 채수 300㎖, 아기간장 1/2큰술

• 요리 과정 •

1 알배추와 양파는 채 썰어 줍니다.

2 채수가 끓으면 알배추와 양파를 넣고 아기간장을 넣은 다음 5분간 끓입니다.

3 채소가 어느 정도 익으면 들깻가루를 넣은 뒤 3분간 더 끓입니다.

☑ 주재료 알배추

사골 배추 된장국

깊은 맛을 내는 사골국에 저염된장을 풀어 구수하게 끓여 낸 된장국 레시피입니다. 달달한 알배추와 부드러운 두부가 들어가 유아식으로도 부담 없는 국 요리예요.

• 재료 •

알배추 40g, 두부 30g, 대파 10g, 사골국 300㎖, 아기된장 1큰술

• 요리 과정 •

1 알배추와 대파는 채 썰고 두부는 깍둑 썰어요.

2 사골국에 된장을 풀어 줍니다.

3 사골 된장 육수가 끓으면 썰어 둔 배추와 대파, 두부를 넣고 10분간 끓여요.

☑ 주재료 청경채

청경채 된장국

청경채는 뼈를 튼튼하게 만들고 눈 건강에도 좋아서 성장기 아이들에게 꼭 필요한 채소 중 하나예요. 비타민C를 비롯한 칼슘, 마그네슘 등 다양한 영양소가 풍부한 청경채를 넣고 맑게 끓여 낸 레시피로 아이 건강을 챙겨 주세요.

• 재료 •

청경채 30g, 감자 30g, 양파 20g, 두부 20g,
채수 300㎖, 아기된장 1/2큰술, 다진 마늘 1/3큰술

• 요리 과정 •

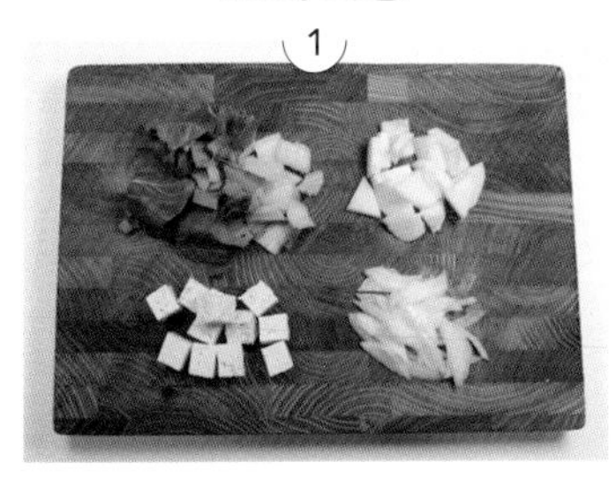

1 청경채는 먹기 좋게 썰고, 감자와 두부는 깍둑썰기, 양파는 채 썰어요.

2 채수가 끓으면 된장을 풀어 준 뒤 썰어 둔 청경채와 양파, 감자를 넣고 다진 마늘을 넣고 10분간 푹 끓여 익혀요.

3 감자가 익었을 때 두부를 넣고 5분간 더 끓여 마무리해요.

☑ 주재료 콩나물

콩나물국

아삭한 식감이 일품인 콩나물, 식이섬유가 풍부하고 소화가 잘되어 부담 없이 먹일 수 있는 국 요리 중 하나에요. 볶음밥이나 고기 반찬과 잘 어울려요.

• 재료 •

콩나물 30g, 양파 20g, 대파 5g, 멸치육수 300㎖, 다진 마늘 1/3큰술, 아기간장 1/2큰술

• 요리 과정 •

1 콩나물은 한 번 자르고, 양파와 대파는 채 썰어 둡니다.

2 멸치육수가 끓으면 콩나물과 양파를 넣고 아기간장과 다진 마늘 넣은 뒤 10분 동안 중약불로 끓여요.

3 콩나물 숨이 죽으면 대파를 넣고 3분간 더 끓입니다.

Tip

아이 월령이 낮으면 콩나물 대가리가 목에 걸릴 수 있으니 대가리는 떼고 조리합니다.

☑ 주재료 닭고기

닭곰탕

36개월이 넘지 않은 아이한테는 쌉쌀한 인삼을 넣은 삼계탕보다 닭만 푹 고아서 만든 닭곰탕이 더 좋아요. 푹 삶은 다음 뼈를 발라 부드러운 살을 먹여요. 담백하고 부드러워서 아이가 잘 먹는답니다. 아파서 밥을 잘 먹지 않거나 입맛을 잃었을 때 추천해요.

• 재료 •

영계 한 마리, 통마늘 5알, 양파 1/2개, 무 60g, 대파 10g, 저염소금 1작은술, 물 800㎖

• 요리 과정 •

1 끓는 물에 닭을 3분간 데친 후 건져 내요.

2 깨끗한 물에 데친 닭, 통마늘, 양파를 넣고 30분간 끓인 다음 닭과 육수만 걸러 내요.

3 무는 골패썰기하고 대파는 채 썰어요.

4 건져 낸 닭은 식힌 다음 살만 발라 내요.

5 진하게 우러난 닭 육수에 물 300㎖를 추가 후
무와 대파, 발라둔 닭고기살, 저염소금을 넣고 15분간 끓여요.

Tip

골패썰기는 당근이나 무처럼 둥근 재료를 원하는 길이만큼 자른 후 가장자리를 잘라
직사각형 모양으로 납작납작하게 써는 방법이에요.

PART 5

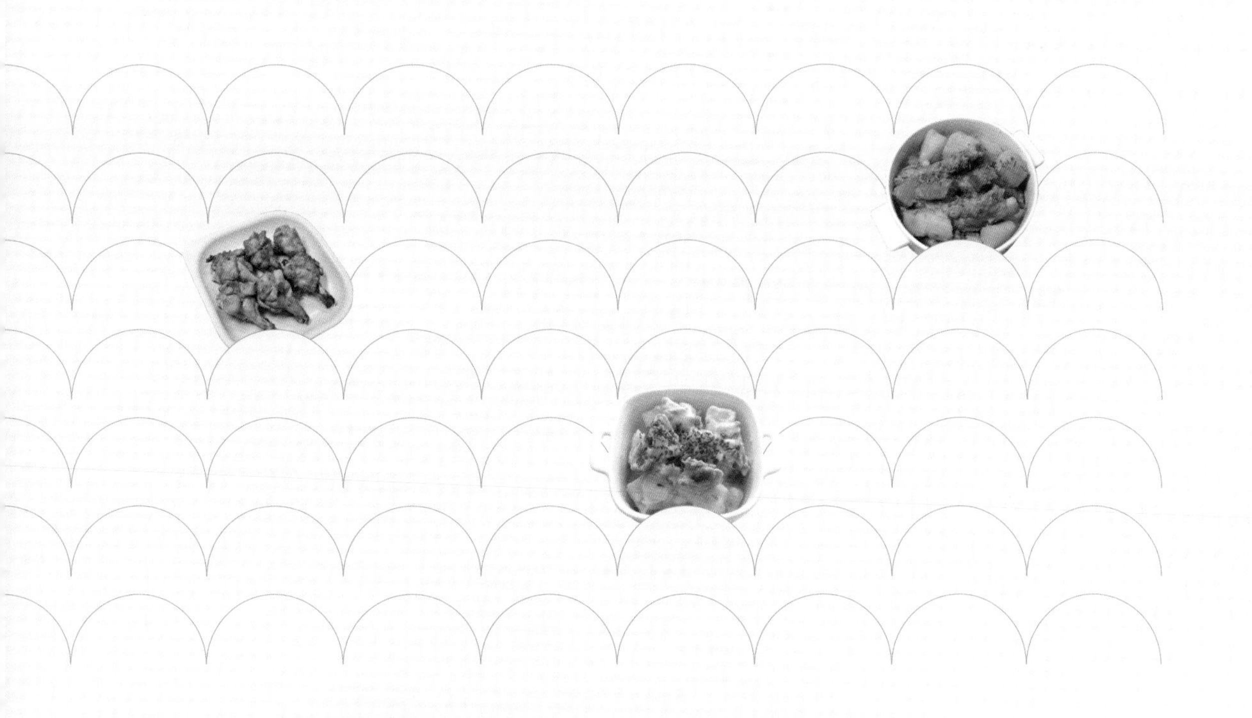

밥 대신 먹는 특별한 요리

특식

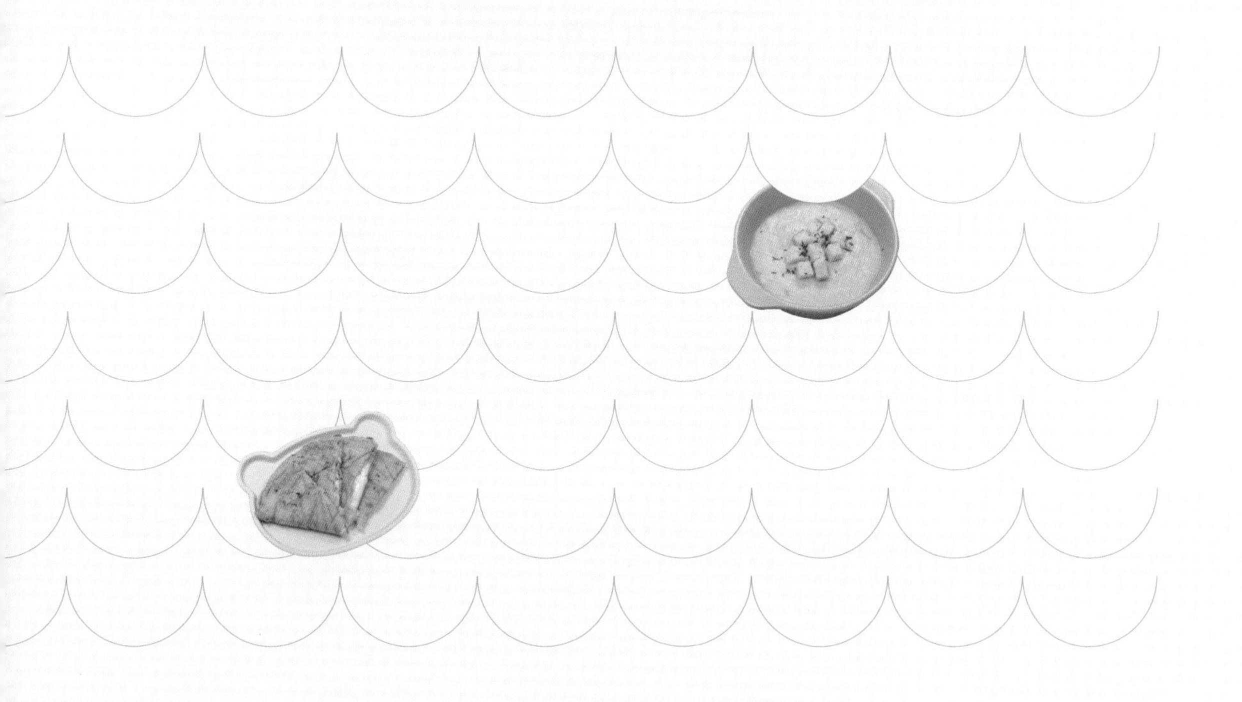

애호박 크림파스타

이유식부터 유아식까지 꾸준히 먹게 되는 채소 가운데 하나인 애호박. 주로 찌개나 밑반찬으로 많이 먹지만, 애호박을 색다르게 해 먹이고 싶다면 부드럽게 갈아 크림으로 만들어 보세요. 애호박을 먹지 않던 아이도 달큼한 소스로 변신한 애호박은 잘 먹을 거예요.

• 재료 •

애호박 50g, 소고기 30g, 양파 15g, 양송이버섯 25g, 푸실리 파스타면 50g,
우유 150g, 무염버터 5g

• 요리 과정 •

1 푸실리 파스타면을 끓는 물에 넣고 10분간 푹 삶아요.

2 애호박과 양송이버섯, 양파는 썰고, 소고기는 다져요.

3 다진 소고기를 볶아 따로 둡니다.

4 애호박, 양송이버섯, 양파는 버터를 녹인 프라이팬에 볶아 익혀요.

5 볶은 재료들을 한 김 식힌 다음 믹서기에 넣고 우유를 부어 곱게 갈아 프라이팬에 부어요.

6 5에 파스타면과 볶은 소고기를 넣고 소스가 배이도록 걸쭉한 농도로 졸여 마무리해요.

☑ 주재료 **단호박**

단호박 감자 우유조림

단호박은 소화를 돕고 장을 튼튼하게 해줘요. 밥 안 먹는다고 애태우는 대신 영양 가득, 속 든든하게 단호박 감자 우유조림을 해주세요. 달콤한 단호박과 포슬포슬한 감자에 부드러운 우유를 졸이면 간식도 되고 특식도 된답니다.

• 재료 •

단호박 60g, 감자 60g, 우유나 분유 200㎖, 아기치즈 1장

• 요리 과정 •

1 단호박과 감자는 깍둑 썰어 주세요.

2 전자레인지 용기에 담아 전자레인지에 3분 돌려 익혀요.

3 단호박과 감자, 우유, 아기 치즈를 넣고 약불로 걸쭉하게 졸여요.

Tip

전자레인지로 미리 익히면, 조리하는 시간을 줄일 수 있어요.

☑ 주재료 옥수수, 감자

옥수수 감자수프

뭉실이가 구내염으로 음식을 삼키는 것도 아파하고 힘들어할 때 종종 만들었던 수프 요리예요. 아직 잇몸이 약하거나 이가 없는 아기도 편하게 먹을 수 있어요. 옥수수와 감자로 한 끼 든든하게 챙겨주세요.

• 재료 •

감자 1개(120g), 시판용 캔 옥수수(40g), 양파 1/4개 (20g), 우유나 분유 180㎖, 아기치즈 1장, 무염버터 5g

• 요리 과정 •

1 양파는 잘게 다지고, 감자는 껍질을 깎아 깍둑 썰어요. 옥수수 콘은 뜨거운 물을 부어 살짝 데쳐요.

2 감자는 찜기에 넣고 15분간 푹 쪄요.

3 감자를 식힌 다음 옥수수 콘과 함께 믹서기에 넣고 우유나 분유를 넣고 곱게 갈아요.

4 프라이팬에 무염버터 5g을 녹인 후 다진 양파를 볶아요.

5 익힌 양파에 갈아 둔 감자를 붓고 끓으면 아기치즈를 얹은 뒤 약불에서 걸쭉하게 끓여 마무리해요.

☑ 주재료 당근, 감자

No Egg

당근 치즈 감자전

당근은 딱딱한 식감과 맛 때문에 호불호가 많이 나뉘는 식재료예요. 당근을 부드럽고 고소한 감자와 함께 요리하면 정말 잘 어울려요. 또 치즈가 당근의 쌉싸름한 맛을 잡아 주지요. 달걀이 들어가지 않아 달걀 알레르기가 있는 아기도 안심하고 먹을 수 있어요.

• 재료 •

당근 15g, 감자 100g, 아기치즈 1장, 부침가루 1큰술

• 요리 과정 •

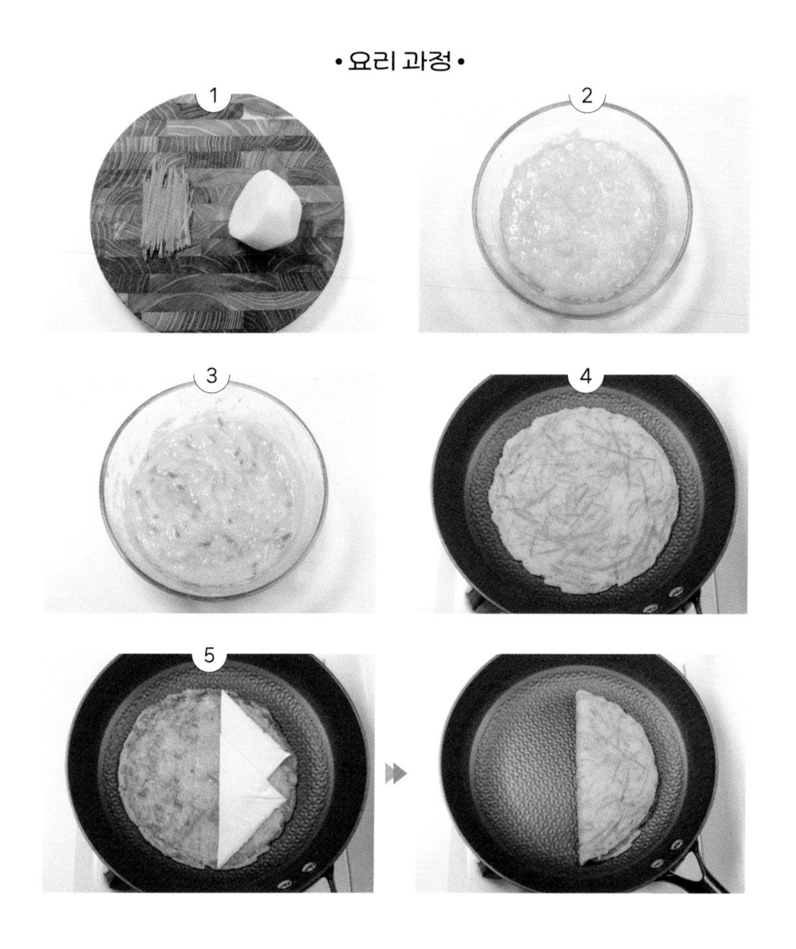

1 당근은 얇게 채 썰고 감자는 껍질을 깎아 준비해요.

2 강판에 감자를 곱게 갈아요.

3 2에 당근 채와 부침가루를 넣고 잘 섞어요.

4 프라이팬에 감자 반죽을 올려 앞뒤로 노릇하게 구워요.

5 가스 불을 끈 뒤 잔열이 남아 있을 때 아기치즈를 잘라 얹은 다음 반으로 접어 녹여요.

☑ 주재료 당근, 애호박

아이 수제비

밀가루로 직접 빚은 수제비 반죽을 얇게 떠서 끓였어요. 어릴 적 엄마가 자주 해주던 메뉴였는데, 간단하게 만들 수 있고 한 끼로도 손색이 없어 아이에게 자주 해주는 메뉴입니다.

• 재료 •

애호박 30g, 당근 15g, 양파 20g, 멸치육수 300㎖, 달걀물 1/2큰술, 아기간장 1큰술

• 수제비면: 밀가루 30g, 달걀물 1/2큰술, 물 10g

• 요리 과정 •

1 애호박, 당근, 양파를 채 썰어서 준비해요.

2 밀가루에 달걀물을 넣고 반죽한 다음 물을 조금씩 넣어 가며 반죽을 만들어요.

3 멸치육수에 채소를 넣은 다음 아기간장을 넣고 육수가 끓어오르면 반죽을 얇게 펴서 떼어 넣어요.

4 수제비 반죽이 어느 정도 익어 떠오르면 달걀물을 넣고 30초 뒤에 저어 주고 3분간 한소끔 끓여 주세요.

Tip

아이에게 줄 수제비를 먼저 뜬 다음 소금 한 꼬집 더해서 간을 맞추면 어른도 맛있게 먹을 수 있어요.

☑ 주재료 소고기, 채소

샤브샤브찜

일반 샤브샤브는 국물 간이 아이한테는 강할 수도 있어서 국물 없이 먹을 수 있는 찜 레시피로 만들었어요. 채소를 손질한 다음 고기와 함께 찌기만 하면 돼서, 간단하면서 온가족이 건강하게 먹을 수 있는 요리랍니다.

• 재료 •

샤브샤브용 소고기 100g , 알배추 200g, 청경채 50g, 버섯 30g, 숙주나물 20g,
아기간장 2큰술, 배즙 50㎖, 물 250㎖

• 요리 과정 •

1 알배추는 3등분으로 썰어 주고, 청경채는 잎을 모두 떼어 준비해요.

2 냄비에 배추를 깔고 소고기와 버섯, 청경채 순으로 담은 뒤 숙주나물을 맨 위에 올려요.

3 아기간장, 배즙, 물을 넣고 육수 소스를 만들어요.

4 2에 육수 소스를 붓고 냄비 뚜껑을 닫은 다음 약불에서 10분간 찌면 완성이에요.

Tip

수분이 많은 채소 순으로 올리면 찔 때 재료가 타지 않아요.

☑ 주재료 닭고기

마늘 간장닭봉

조금 큰 치킨 닭다리 대신 아이 손에 딱 맞는 닭봉 레시피예요. 마늘 소스를 묻혀 구워서 영양 만점, 쫀득쫀득 식감으로 잘 먹는 요리랍니다. 사과 퓨레로 다진 마늘의 매운맛을 잡았으니 걱정 마세요.

• 재료 •

닭봉 6개, 다진 마늘 1/2큰술, 사과 퓌레 1/2큰술, 오트밀 조금, 아기간장 1큰술,
참기름 1/3큰술, 우유 200㎖(잡내 제거용)

• 요리 과정 •

1 껍질을 제거한 닭봉 6개를 우유에 30분 이상 재워요.

2 아기간장, 사과 퓨레, 다진 마늘, 참기름을 넣고 섞어 소스를 만듭니다.

3 닭봉을 흐르는 물에 깨끗이 씻고 앞뒤로 소스를 골고루 발라 준 뒤
오트밀을 조금씩 뿌려 줍니다. 에어프라이어 180도에서 15분, 뒤집어서 5분 구워요.

☑ 주재료 **닭고기**

삼채닭

삼채닭은 국물 많은 닭볶음탕 느낌의 요리예요. 세 가지 채소도 영양소를 균형 있게 다 챙겨 주지요. 국물이 남으면 육수로도 활용할 수 있어서 맛도 있고 활용도도 좋은 레시피랍니다. 고기를 먹고 육수와 채소가 남았다면 밥을 넣고 죽으로도 끓여주세요.

• 재료 •

북채(닭다리) 2개, 닭가슴살 100g, 당근 30g, 애호박 30g, 양파 30g, 통마늘 7알, 물 550㎖, 우유나 분유 300㎖

• 요리 과정 •

1 닭고기는 깨끗이 씻은 뒤 우유에 30분간 재워 둡니다.

2 당근과 애호박, 양파는 깍둑 썰어요.

3 달궈진 팬에 중강불로 굽듯이 볶아 양파가 설익을 정도만 익혀요.

4 볶은 채소 위에 닭고기와 통마늘, 물을 붓고, 중약불에서 30분간 푹 삶아 주면 완성이에요.

Tip

❶ 닭다리가 익어 뼈대가 보인다면 잘 익은 것이니 충분히 식혀서 아이가 쥐고 먹을 수 있게 해주고, 닭가슴살은 잘게 찢어서 죽에 넣어요.

❷ 푹 익은 통마늘과 양파는 빼지 않고 으깨서 국물에 섞어 주면 더 진한 맛을 느낄 수 있어요.

☑ 주재료 **채소**

아이 잔치국수

아이 이유식 완료기 때 자기주도식으로 종종 만들어 주었던 잔치국수 레시피예요. 채소로 육수를 내어 깔끔하고, 소면이 부드러워 누구나 잘 먹어요.

• 재료 •

소면 20g(손에 쥐었을 때 10원짜리 정도 크기), 애호박 20g, 당근 15g, 양파 20g, 표고버섯 15g, 채수 300㎖, 아기간장 1큰술, 달걀 1개

• 요리 과정 •

1 소면은 미리 삶아 찬물에 씻어 둡니다(일반 소면을 사용할 때는 반으로 잘라요.).

2 당근과 애호박, 양파, 표고버섯을 채 썰어 주세요.

3 채수에 채소와 버섯을 넣고 아기간장을 넣고 10분간 끓여요.

4 끓는 육수에 달걀을 풀고 3분간 더 끓여 육수를 완성합니다. 미리 삶아둔 달걀에 육수를 부어 주면 완성이에요.

Tip

소면을 삶을 때 물이 넘칠 듯 끓어오르면 찬물을 조금씩 넣는 과정을 3번 반복해 주세요.

☑ 주재료 차돌박이, 애호박

차돌박이 된장국수

차돌박이는 고깃결이 거칠지만 지방과 함께 얇게 썰어져 맛도 고소하고 육즙이 가득해요. 자칫 아이한테 느끼할 수 있는 차돌박이지만, 된장 육수와 함께 먹으면 느끼함은 사라지고 고소함과 감칠맛이 조화롭게 어울린답니다.

• 재료 •

소면 20g(손에 쥐었을 때 10원짜리 정도 크기), 차돌박이 50g, 애호박 20g, 양파 20g, 표고버섯 10g, 숙주 10g, 물 300㎖, 아기된장 1/2큰술, 아기간장 1/2큰술, 다진 마늘 1/3큰술

• 요리 과정 •

1 소면은 삶은 뒤 찬물에 씻어요.

2 애호박과 양파, 표고버섯은 채 썰어요.

3 차돌박이와 채소를 볶아 익혀요.

4 물을 붓고 다진 마늘, 된장과 아기간장을 넣은 뒤 10분간 끓입니다. 육수가 완성되면 삶아 둔 소면에 부어요.

돼지고기 부추국수

돼지고기는 찬 성질을 가지고 있어 따뜻한 성질을 가진 부추와 궁합이 좋아요. 국수만으로 영양이 부족하다고 느껴지거나 식사로 아쉽다고 느껴질 때 해주세요.

• 재료 •

돼지고기(앞다리살) 40g, 부추 10g, 당근 15g, 양파 20g, 소면 20g, 채수 300㎖, 아기간장 1/2큰술, 다진 마늘 1/3큰술

• 요리 과정 •

1 돼지고기는 잘게 다지고, 부추는 쫑쫑 썰어요. 당근과 양파는 채 썰어요.

2 돼지고기, 양파, 당근을 볶아 익혀요.

3 소면을 5분간 삶아요.

4 채수를 붓고 부추, 다진 마늘, 아기간장을 넣고 10분간 끓여 국물을 만들어요.

5 소면 위에 돼지고기와 채소를 올리고 육수를 부어 완성합니다.

☑ 주재료 **쌀국수, 소고기**

아이 쌀국수

담백한 고기 육수에 깔끔하게 끓여 낸 쌀국수 레시피예요. 쌀국수는 소화가 잘 돼서 아직 밀가루를 먹이기 싫거나 밀가루에 예민한 아이에게 해주면 좋은 요리랍니다. 고기와 채소가 듬뿍 들어가 한 끼로 든든해요.

• 재료 •

소고기(슬라이스) 40g, 양파 20g, 부추 10g, 숙주 15g, 쌀국수면 25g, 물 300㎖, 아기간장 1큰술

• 요리 과정 •

1 쌀국수면은 끓는 물에 8분 정도 삶아 준비해주세요.

2 양파는 채 썰고, 부추와 숙주는 먹기 좋게끔 잘라요.

3 물 300㎖ 끓으면 아기간장을 넣은 뒤 소고기와 양파를 넣고 5분간 끓여요. 소고기와 양파가 익으면 부추, 숙주, 쌀국수면을 넣고 3분 더 끓이면 완성이에요.

돼지고기 간장 비빔국수

입맛이 없어 아이가 밥을 거부할 때, 입맛이 돌게 만드는 레시피예요. 설탕 대신 배즙을 넣어 단맛은 살리면서 자극적이지 않아요.

• 재료 •

돼지 앞다리살(슬라이스) 40g, 양파 20g, 대파 5g, 소면 20g, 아기간장 1큰술, 배즙 50㎖, 참기름 1작은술, 참깨 조금

• 요리 과정 •

1 소면을 삶아 찬물에 씻은 다음 물기를 빼서 준비해요.
2 얇게 썬 앞다리살은 먹기 좋게 썰고, 양파와 대파는 채 썰어 주세요.
3 아기간장, 배즙, 참기름, 참깨를 섞어 양념을 만들어요.
4 프라이팬에 양파와 돼지고기를 넣고 볶아요.
5 4에 양념과 대파를 넣고 고기에 양념이 배도록 약불에서 3분간 졸입니다. 불을 끄고 삶아둔 면을 넣고 비벼요.

☑ 주재료 돼지고기

아이 짜장면

유아식을 하면서 짜장가루를 처음 접했을 때, 짜장밥 외에도 만들어 주기 좋았던 면 요리, 짜장면 레시피입니다. 파스타면을 사용해서 만들어 아이가 먹어도 더부룩해하지 않고 맛있게 잘 먹어주었던 레시피예요.

• 재료 •

돼지고기 40g(앞다리살 슬라이스), 양파 20g, 양배추 30g, 애호박 20g,
파스타면(쥐었을 때 50원 크기, 반 잘라서 준비), 짜장가루 2큰술, 전분물(전분가루 5g + 물 40㎖), 물 150㎖

• 요리 과정 •

1 파스타면은 10분 동안 푹 삶은 다음 내열 그릇에 면만 담아 전자레인지에 2분 더 돌려요.

2 돼지고기는 먹기 좋게 썰고 양파와 양배추, 애호박은 골패썰기해서 준비해요.

3 달궈진 프라이팬에 오일을 두르고 고기와 채소를 모두 볶아 익혀요.

4 물을 붓고 채소가 푹 익도록 끓인 다음 짜장가루와 전분물을 넣어 걸쭉하게 끓여요.

5 파스타면을 4에 넣고 중불에서 소스가 살짝 졸아들 때까지 5분 정도 섞어요.

Tip

삶은 파스타면을 전자레인지에 돌리면 속까지 푹 익어서 아이들이 먹기 좋아요. 파스타면을 그릇에 담아
전자레인지에 돌릴 때는 전자레인지용 뚜껑을 닫거나 그릇에 비닐랩을 씌운 다음 증기 구멍 한두 개 뚫어 주세요.

☑ 주재료 바지락

바지락칼국수

바지락은 단백질 아미노산 등 영양가가 풍부한 식품이에요. 빈혈 예방에도 좋지요. 아이에게 해산물을 먹이기 부담스러워하는 부모님도 있지만, 조개류 알레르기가 없다면 유아식 때부터 조개류를 먹여도 괜찮아요. 단, 조개는 신선한 것으로 구입하여 깨끗이 세척해서 조리하세요.

• 재료 •

바지락 100g, 감자 30g, 당근 15g, 애호박 20g, 양파 15g, 칼국수면 30g,
저염소금 한 꼬집, 물 300㎖

• 요리 과정 •

1 바지락을 깨끗이 씻어 소금물에 담가 검정 비닐봉지를 덮은 다음 냉장고에 넣고 한 시간 이상 해감시켜요.

2 감자와 애호박, 당근, 양파는 채 썰어요.

3 칼국수면을 끓는 물에 삶아요.

4 깨끗이 해감한 바지락을 끓는 물에 넣고 삶은 뒤 건져내요.

5 채소와 저염소금을 넣고 물을 부은 다음 10분간 끓여요.

6 칼국수면과 삶은 바지락을 넣고 한소끔 끓여요.

☑ 주재료 해산물

해물 오코노미야키

일본에서 해물을 넣어 만든 양배추 부침개로 유명한 오코노미야키! 아기가 먹을 것을 고려해 오트밀을 넣어 건강하게 만든 엄마표 레시피랍니다. 소화가 잘되는 양배추가 들어가 아기 간식이나 반찬으로 만들어 주기 좋은 요리예요.

• 재료 •

양배추 40g, 새우살 20g, 오징어살 20g, 오트밀 15g, 달걀 1개, 비건 마요네즈 1/2큰술

• 요리 과정 •

1 양배추는 채 썰고 새우살과 오징어살은 곱게 다져요.

2 빈 볼에 채 썬 양배추, 새우살과 오징어살, 오트밀과 달걀을 넣고 섞어 반죽을 만들어요.

3 달궈진 프라이팬에 반죽을 올리고 동그랗게 부쳐준 뒤
비건 마요네즈를 뿌리면 완성입니다.

Tip

해산물은 익으면 식감이 단단해지므로 곱게 다지는 게 좋아요.

☑ 주재료 **푸실리면**

토마토 치즈파스타

파스타 중 가장 기본이 되는 토마토 파스타예요. 비타민이 풍부한 토마토는 체내 노폐물 배출에도 도움을 줍니다. 생 토마토를 잘 먹지 못하는 아이들에게 추천할 만한 레시피랍니다.

• 재료 •

라구소스 100g, 아기치즈 1장, 푸실리면 50g

• 요리 과정 •

1 푸실리면을 끓는 물에 넣고 10분간 삶아요.

2 라구소스가 끓으면 아기치즈 1장을 넣고 녹여요.

3 삶은 푸실리면을 라구소스에 넣고 섞으면서 졸여요.

라구소스 만드는 법

• 재료 •

완숙 토마토 2개(300g), 소고기 100g, 샐러리 40g, 양파 40g, 사과 50g, 버터 15g

• 요리 과정 •

❶ 토마토는 끓는 물에 1~2분간 데쳐 찬물에 담근 다음 껍질을 벗겨요.

❷ 토마토, 소고기, 양파, 샐러리, 사과를 곱게 다져 준비합니다.

❸ 프라이팬에 버터를 녹인 다음 소고기와 양파 먼저 볶아 익혀요.

❹ ❸에 다진 토마토와 사과, 샐러리를 넣은 뒤 10분간 중약불에서 뭉근하게 끓여요.

슈렉파스타

초록색 비주얼로 자칫 거부감이 들지만 맛을 보면 달짝지근하고 고소해서 정말 잘 먹었던 시금치 크림파스타입니다. 채소를 잘 안 먹는 아기도 곱게 갈아서 파스타로 만들어 주면 아주 잘 먹었어요.

• 재료 •

시금치 40g, 소고기 다짐육 30g, 푸실리면 40g, 양송이버섯 20g, 양파 15g,
우유 200㎖, 아기치즈 1장

• 요리 과정 •

1 시금치는 깨끗이 씻은 후 끓는 물에 30초간 데쳐요.

2 파스타면은 10분간 삶아 두고, 소고기 다짐육은 프라이팬에 볶아서 따로 준비해요.

3 데친 시금치, 양송이버섯, 양파, 우유를 믹서에 넣고 곱게 갈아요.

4 팬에 시금치 크림을 붓고 끓어오르면 아기치즈 1장을 넣어 녹여 주세요.

5 삶아 둔 파스타면을 넣고 크림이 배이도록 졸여줍니다.
그릇에 담은 후 익힌 소고기를 뿌려 주며 마무리해요.

Tip

면수를 버리지 말고 두었다가 소스가 퍽퍽하면 면수를 조금 더 넣고 졸여요.

☑ 주재료 돼지고기, 소고기

치즈 함박스테이크

부드러운 고기 반찬 중 단연 으뜸은 함박스테이크가 아닐까 싶어요. 단백질 풍부한 고기와 식이섬유 가득한 채소로 직접 만들어 건강하고 맛있는 반찬이랍니다. 오늘 고기 반찬 뭘 해줘야 할까 고민될 때, 뚝딱 만들어 구워 주기 좋아요.

• 재료 •

소고기 100g, 돼지고기 100g, 만능 소고기 채소볶음 60g, 아기간장 1/2큰술,
아기치즈 1장, 전분가루 1큰술

• 요리 과정 •

1 만능 소고기 채소볶음은 미리 해동해 준비하고, 소고기와 돼지고기는 곱게 갈아요.

2 다진 소고기와 돼지고기, 만능 소고기 채소볶음, 아기간장, 전분가루를 넣고 반죽해 뭉쳐요.

3 동글 납작한 모양으로 빚어서 준비해요.

4 달궈진 프라이팬에 고기 반죽을 올리고 약불에서 앞뒤로 구워요.

5 함박스테이크가 충분히 익었을 때 가스 불을 끄고 치즈를 잘라 얹어 잔열로 살짝 녹여요.

Tip

처음부터 센불로 굽게 되면 겉만 타고 속은 익지 않아요. 약불에서 천천히 익혀줍니다.

밥솥 등갈비

등갈비는 구우면 질겨지지만 밥솥의 찜 기능을 활용하면 부드럽게 조리할 수 있습니다. 냄비에 조리할 때마다 조리 시간도 단축돼서 간편하게 만들 수 있어요. 양념도 적절히 배고 살도 부드럽게 뜯겨서 아이가 한 개씩 쥐고 맛있게 먹었던 레시피예요.

• 재료 •

돼지 등갈비 300g, 당근 30g, 감자 40g
양파 30g, 사과 50g, 아기간장 1큰술, 아기된장 1큰술(잡내 없애기용), 물 100㎖

• 요리 과정 •

1 돼지 등갈비는 찬물에 30분간 담가 핏물을 빼냅니다.

2 당근과 감자는 깍둑 썰어요.

3 끓는 물에 아기된장을 풀어 2분간 데치고 불순물을 깨끗이 씻어요.

4 아기간장, 양파, 사과, 물을 넣고 곱게 갈아 양념을 만들어요.

5 밥솥에 당근과 감자, 등갈비, 양념을 모두 넣고 버무린 다음에
밥솥의 만능찜 기능을 사용해 익힙니다.

PART 6

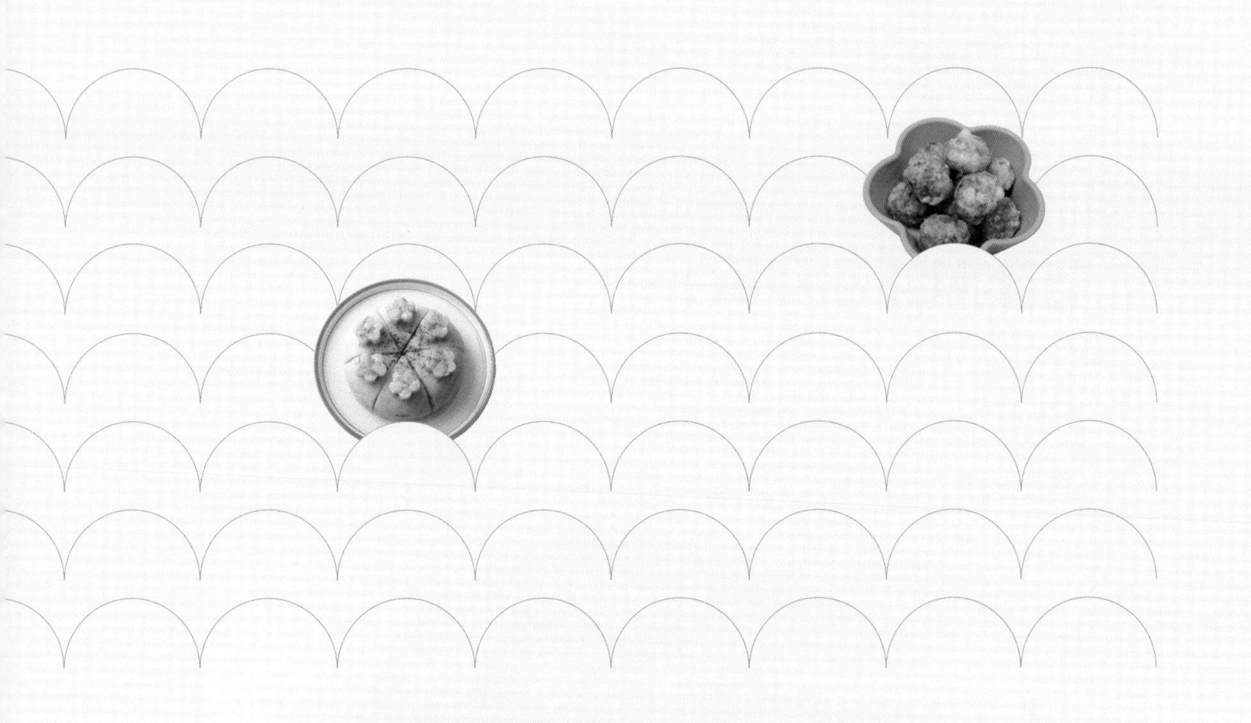

건강하고 맛있는
무설탕 간식

빵, 케이크

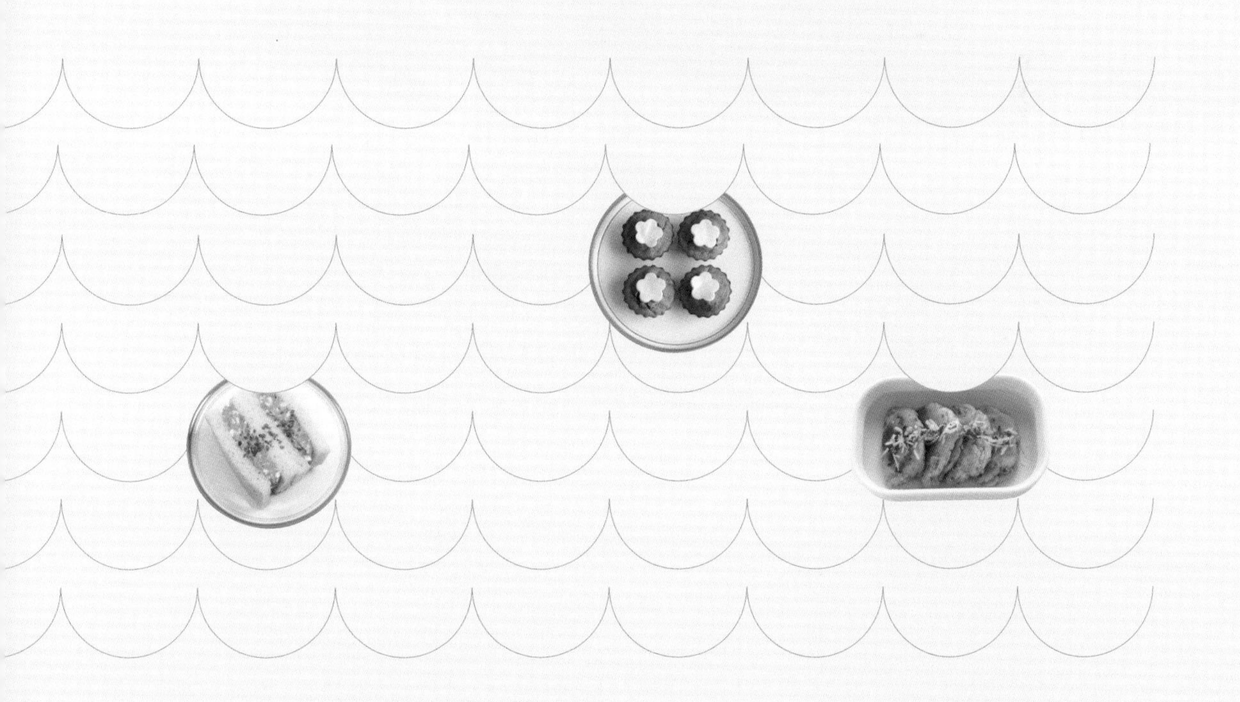

☑ 주재료 바나나

바나나 팬케이크

초기 이유식 시기부터 먹이는 과일인 바나나로 만드는 간식이에요. 프라이팬에 굽기만 하면 완성되는 간단한 레시피예요. 오트밀을 넣어 포만감이 가득해요.

• 재료 •

바나나 60g, 땅콩버터 1작은술, 오트밀 15g, 달걀 1개, 우유나 분유 20㎖, 무염버터 5g

• 요리 과정 •

1 믹서기에 바나나, 오트밀, 땅콩버터, 달걀, 우유나 분유를 모두 넣고 곱게 갈아줍니다.

2 달궈진 프라이팬에 무염버터를 녹여 팬 전체에 둘러줘요.

3 약불로 줄인 후 반죽을 한 숟갈씩 떠 넣고 앞뒤로 노릇하게 구워요.

☑ 주재료 바나나

No Egg

바나나 치즈빵볼

뭉실이가 아기 때 달걀 알레르기가 있었어요. 그래서 달걀 없이 만든 요리를 많이 연구했어요. 그중에서도 바나나가 들어간 치즈빵볼을 만들어 줬더니 맛있게 잘 먹더라고요. 손으로 쏙쏙 집어 먹을 수 있어서 소근육 발달에도 도움이 돼요.

• 재료 •

바나나 60g, 식빵 1장(40g), 아기치즈 1장

• 요리 과정 •

1 식빵 한 장을 믹서에 곱게 갈아요.

2 바나나, 치즈, 식빵을 모두 넣고 으깨서 잘 섞어요.

3 동그란 공 모양으로 빚은 뒤 에어프라이어 170도에서 10분간 구워요.

☑ 주재료 바나나, 비트

레드벨벳 바나나머핀

본래 레드벨벳 케이크는 버터밀크, 식초, 코코아 파우더를 섞어 만들지만, 이 레시피에서는 색감을 내기 위해 풍부한 영양소가 들어 있는 비트를 썼어요. 단맛을 내기 위해 설탕 대신 바나나를 넣고 밀가루 대신 오트밀을 사용해 철분과 포만감이 가득한 건강 간식이랍니다.

• 재료 •

비트 큐브 20g(익히고 다진 것), 바나나 60g, 오트밀 10g, 쌀가루 20g, 달걀 1개, 우유 30㎖

• 요리 과정 •

1

2

3

1 비트 큐브, 바나나를 넣고 으깨며 섞어요.

2 1에 쌀가루, 오트밀, 달걀, 우유를 넣고 잘 풀면서 섞어요.

3 작은 머핀틀에 반죽을 부어 준 뒤 에어프라이어 180도에서 15분 구워요.

Tip

구운 다음 충분히 식혀야 머핀틀에서 뺄 때 모양을 유지할 수 있어요.

☑ 주재료 사과, 바나나

애플 바나나 치즈볼

애플 바나나 치즈볼도 노달걀 베이킹 레시피 가운데 아이가 맛있게 먹는 간식이에요. 식이섬유가 풍부한 사과와 부드럽고 달콤한 바나나를 넣어 만들어 달콤하면서 고소해요. 간식이지만 오트밀이 들어가 한 끼 대체용으로 좋아요.

• 재료 •

사과 40g, 바나나 40g, 오트밀 20g, 아기치즈 1장

• 요리 과정 •

1 사과는 껍질을 깎아 다지고 바나나는 으깨기 쉽게 썰어서 준비해요.

2 전자레인지 찜기에 사과와 바나나를 넣고 오트밀을 넣고 1분간 찝니다. 이때 물은 따로 넣지 않고 과일 수분으로 쪄요.

3 과일, 오트밀 반죽이 따뜻할 때 아기치즈를 넣은 뒤 녹이며 섞어요.

4 동그란 공 모양으로 빚은 다음 에어프라이어 180에서 10분간 구워요.

☑ 주재료 바나나

바나나 카스테라

밀가루 대신 쌀가루를 사용해 포슬하게 만든 바나나 카스테라 레시피예요. 흔히 먹는 카스테라 빵과 생김새는 다르지만, 단백질 풍부한 노른자만 들어가 카스테라 맛과 비슷해요. 제법 빵 같은 식감이라 인기가 많았던 레시피예요.

• 재료 •

바나나 60g, 쌀가루 20g, 달걀노른자 2개, 아기치즈 1장, 우유 40㎖

• 요리 과정 •

1 바나나는 으깨고 노른자는 흰자만 분리해서 준비해요.

2 전자레인지 찜기에 우유와 아기치즈를 넣고 1분간 돌려요.

3 바나나 으깬 것과 달걀노른자, 쌀가루를 넣은 다음 반죽을 잘 섞어요.

4 전자레인지에서 2분 30초 돌린 뒤 먹기 좋게 잘라요.

☑ 주재료 바나나

스윗더블 치즈케이크

시중에 파는 치즈케이크에는 설탕이 많이 들어가지만, 설탕 대신 바나나로 대체해 건강하게 만드는 레시피예요. 기존에 단맛이 없어 아쉬워했던 치즈케이크에 바나나를 추가해 달콤하게 만들었어요.

• 재료 •

바나나 40g, 아기치즈 2장, 요거트 40g, 쌀가루 20g, 우유 40㎖, 달걀 1개

• 요리 과정 •

1 바나나를 으깨서 준비해요.

2 찜기에 우유와 아기치즈를 넣고 전자레인지에서 1분 돌린 뒤 꺼내서 부드럽게 저어요.

3 으깬 바나나와 쌀가루, 요거트, 달걀을 넣고 잘 섞은 뒤 전자레인지에서 2분 돌려요.

☑ 주재료 당근

당근케이크

눈 건강에 좋은 당근이 들어간 고소한 당근케이크 빵예요. 채소를 활용해 케이크로 만드니 식감도 색감도 좋아서 잘 먹더라고요. 레시피도 정말 간단해요.

• 재료 •

당근 15g, 쌀가루 10g, 오트밀 20g, 달걀 1개, 땅콩버터 1작은술, 우유 40㎖, 그릭요거트 조금

• 요리 과정 •

1 당근은 얇게 채 썰어요.

2 찜기에 재료를 모두 넣고 뭉치지 않게 섞어 고운 반죽이 되면 전자레인지에서 2분 30초 돌려요.

Tip

빵 위에 그릭요거트를 얹어 주면 더 맛있어요.

☑ 주재료 가지

No Egg

No Flour

가지 떠먹피자

밀가루 없이 부드러운 식감의 가지를 깔아 만든 떠먹는 피자 레시피예요. 질긴 빵 도우보단 부드러운 식감의 가지와 고구마를 넣고 만들어 아이가 편하게 퍼 먹었답니다. 라구소스를 활용해 만들면 보다 쉽게 만들 수 있어요.

• 재료 •

가지 60g, 으깬 고구마 80g, 라구소스 60g, 아기치즈 1장

• 요리 과정 •

1 가지를 전자레인지에서 1분 돌려 찐 다음 잘게 다져요.
2 머핀틀에 가지-으깬 고구마-라구소스 순으로 깔아요.
3 치즈를 길게 잘라 와플 모양처럼 얹어 준 뒤 에어프라이어 180도에서 10분간 구워요.

☑ 주재료 아보카도, 감자

아보카도 채소쿠키

숲속의 버터라고도 불리는 부드러운 아보카도를 넣어 가루류 없이 건강하게 만든 쿠키예요. 고소하고 부드러운 감자에 채소가 콕콕 박혀 있어 후기 이유식을 하는 아기도 맛있게 먹을 수 있답니다.

• 재료 •

아보카도 30g, 감자 120g, 당근 15g, 애호박 15g, 아기치즈 1/2장

• 요리 과정 •

1 감자는 껍질째 찐 뒤 깍둑 썰어 준비하고, 당근과 애호박은 곱게 다져서 준비해요.

2 후숙된 아보카도와 찐 감자, 다진 당근과 애호박을 모두 넣고, 아기치즈를 넣은 뒤 곱게 으깨요.

3 동글 납작하게 손으로 빚은 후 포크로 콕콕콕 모양을 내듯 찍어요.

4 예열한 에어프라이어 180도에서 10분 굽고 뒤집어서 5분 더 구워요.

Tip

상온에 둔 채 껍질 색깔이 어두운 녹색 빛을 띠며, 쥐었을 때 살짝 물렁한 느낌이 난다면 익은 거예요.

☑ 주재료 단호박

단호박 치즈호떡

달콤한 단호박 반죽 속에 고소한 치즈를 넣어 부쳐 낸 간식이에요. 에어프라이어나 전자레인지를 사용하지 않고 만들 수 있어서 간편해요. 식감도 부드러워 아이 스스로 손에 쥐고 먹기 좋은 간식입니다.

• 재료 •

찐 단호박 60g, 전분가루 1/2큰술, 아기치즈 1장, 무염버터 5g

• 요리 과정 •

1 찐 단호박과 전분가루를 넣고 으깨며 잘 섞어 반죽해요.

2 반죽을 납작하게 만든 다음 치즈를 잘라 넣은 뒤 동그랗게 빚어요.

3 달궈진 프라이팬에 버터를 녹인 후 앞뒤를 약불로 구워 주세요.

Tip

반죽이 질다면 전분가루를 조금씩 추가해 뭉쳐지는 반죽으로 만들어 주세요.

☑ 주재료 단호박

No Egg

No Flour

단호박 치즈롤

집에 마땅한 간식 재료가 없을 때 단호박과 치즈만으로 만들 수 있는 간식이에요. 이유식 후기부터 유아식 때까지 맛있게 잘 먹어 주었답니다. 단호박은 장을 튼튼하게 하고 면역력을 높이니 한 번 살 때 잘 보관했다가 아이 간식이나 어른 요리에 활용해요.

• 재료 •

단호박 60g, 아기치즈 2장

• 요리 과정 •

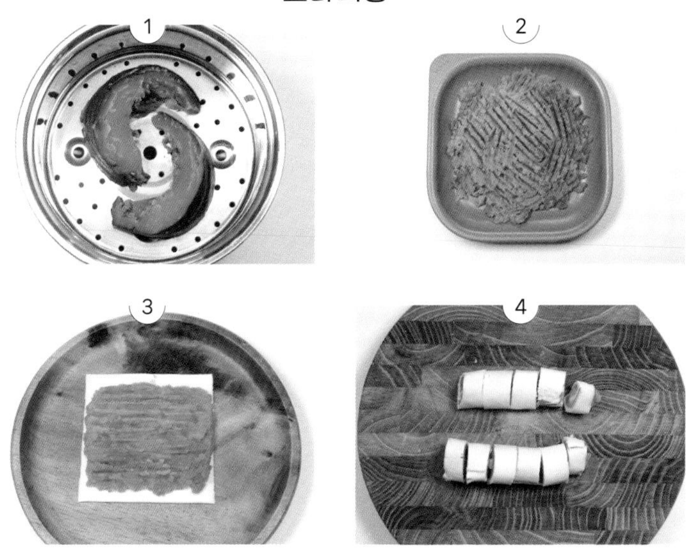

1 단호박을 찜기(8~10분)나 전자레인지(6~7분)로 익혀요.

2 껍질은 제외하고 속만 으깨서 준비해요.

3 치즈를 한 장 깔고 그 위로 으깬 단호박을 넓게 펴서 얹어요.

4 치즈를 돌돌 말아 냉동실에 10분간 두어 모양을 잡은 다음 먹기 좋게 썰어요.

Tip

단호박을 베이킹소다로 깨끗이 씻은 다음 물기가 있는 상태에서 꼭지 부분을 자르고 내열 그릇에 넣어 돌려 줍니다. 크기에 따라 익는 시간이 다르니 5분쯤 됐을 때 확인해 보세요.

☑ 주재료 단호박

단호박 에그샌드위치

달콤한 단호박을 삶은 달걀과 함께 으깨 만든 부드러운 샌드위치 레시피예요. 탄수화물과 단백질을 골고루 들어 있어 밥태기 때 해 주면 좋아요.

• 재료 •

찐 단호박 70g, 달걀 1개, 식빵 2장, 비건 마요네즈 1큰술

• 요리 과정 •

1 달걀 1개를 10분간 삶아요.

2 찐 단호박과 삶은 달걀, 비건 마요네즈를 넣고 곱게 으깨 무스를 만들어요.

3 식빵 테두리를 잘라낸 뒤 단호박 무스를 올립니다.

4 식빵 한쪽을 마저 덮어 준 뒤 반으로 잘라요.

Tip

물이 팔팔 끓을 때 달걀을 넣고 삶으면 껍질이 잘 까져요.

☑ 주재료 고구마, 애호박

고구마 채소 팬케이크

가루를 최소화하기 위해 고구마를 넣고 만든 팬케이크 간식 레시피예요. 간식이지만 채소가 들어가 든든한 한 끼로 먹을 수 있어요. 치즈를 넣어서인지 아이가 좋아하며 먹었던 간식이랍니다.

• 재료 •

찐 고구마 50g, 당근 10g, 애호박 15g, 달걀 1개, 아기치즈 1/2장, 오트밀 20g, 우유 30㎖, 버터 5g

• 요리 과정 •

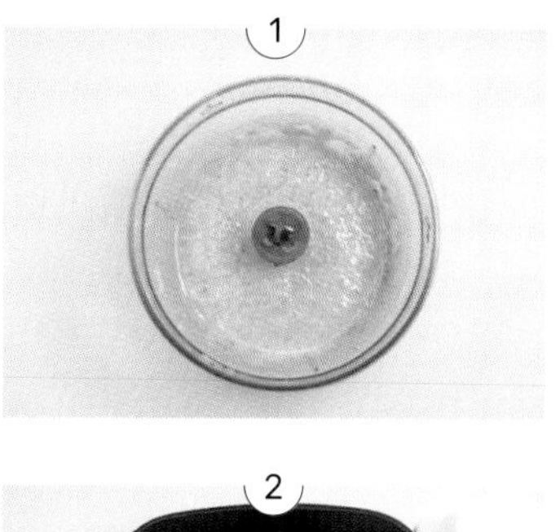

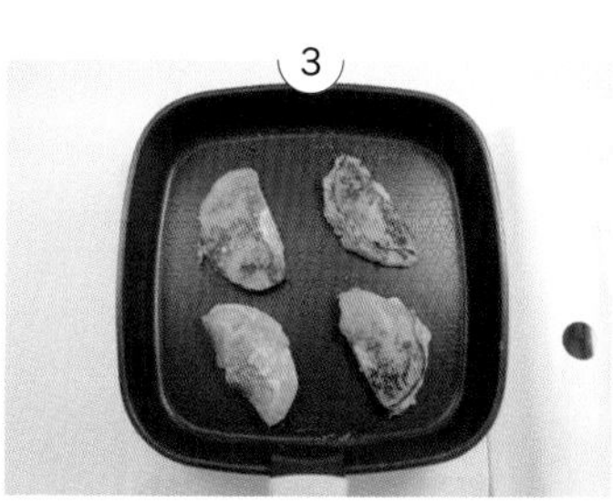

1 고구마, 당근, 애호박, 달걀, 오트밀, 우유를 믹서기에 넣고 곱게 갈아요.

2 약불에서 프라이팬에 버터를 두르고 반죽을 한 숟갈씩 놓은 다음 아기치즈를 잘라 가운데 놓아요.

3 한 면이 익었을 때 반으로 접어 치즈를 겹치고 앞뒤로 노릇하게 구워요.

Tip

반으로 접어 굽기가 힘들다면 반죽을 동그랗게 구운 뒤 그 위에 치즈를 얹어 마무리해도 좋아요.

☑ 주재료 고구마

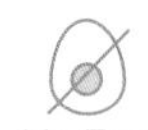

고구마 요거치즈볼

달콤한 고구마와 요거트, 치즈가 어우러져 치즈케이크 맛이 나서 아이가 좋아했던 간식이에요. 한 개씩 집어 먹으며 소근육 발달에도 도움이 된답니다.

• 재료 •

찐 고구마 80g, 요거트 20g, 아기치즈 1장

• 요리 과정 •

1 찐 고구마와 요거트, 아기치즈를 넣고 으깨며 잘 섞어요.

2 동그란 공 모양으로 빚은 뒤 에어프라이어 180도에서 10분간 구워요.

Tip

반죽이 질어서 손에 묻어난다면 오트밀 10g을 섞은 뒤 동그랗게 빚어요.

☑ 주재료 **고구마**

고구마 브로콜리 호떡

식이섬유가 풍부한 브로콜리와 고구마의 만남! 아이가 변비로 고생하면 입맛도 없고 밥도 잘 안 먹으려고 해요. 그럴 때 고구마 브로콜리 호떡을 만들어 주세요. 만드는 법도 간단한데다가 아이의 장까지 튼튼하게 지켜 주는 고마운 간식이랍니다.

• 재료 •

찐 고구마 80g, 브로콜리 20g, 아기치즈 1/2장, 무염버터 5g

• 요리 과정 •

1

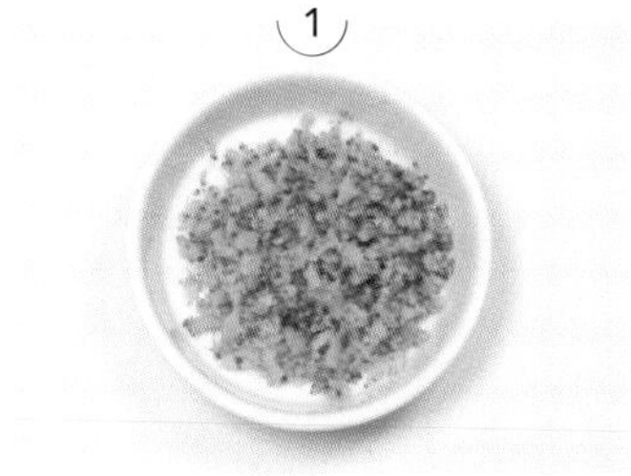

2

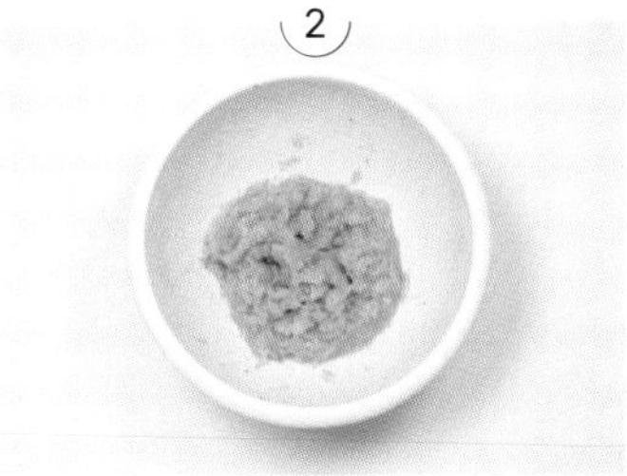

3

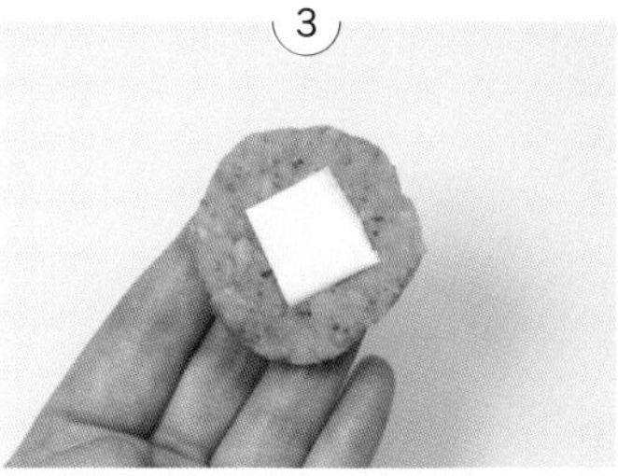

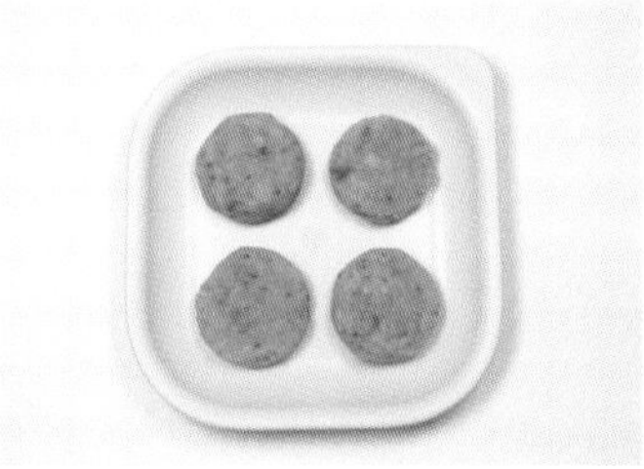

4

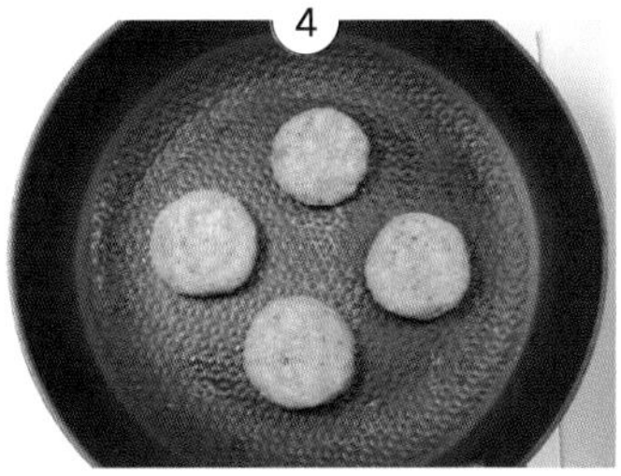

1 브로콜리를 잘게 다져요.

2 찐 고구마와 브로콜리를 넣고 으깨며 잘 섞어요.

3 반죽 속에 치즈를 넣고 둥글넓적하게 빚어요.

4 버터를 두른 프라이팬에 앞뒤로 노릇하게 부쳐요.

Tip

브로콜리는 꽃 부분만 다져 사용합니다.

☑ 주재료 **감자**

No Egg

No Flour

감자 버터구이

휴게소에서 파는 알감자구이! 정말 맛있어서 어떻게 만드나 궁금하셨죠? 고소한 버터에 감자를 구워 맛있게 구워 내면 아이 간식, 어른 간식으로도 훌륭하답니다. 익힌 감자로 만들어 아이가 먹기에 부담 없고 만들기도 쉬워요.

• 재료 •

감자 1개(120g), 버터 10g, 알룰로스(가루) 1큰술, 파슬리가루 조금

• 요리 과정 •

1 찜기에 깨끗이 씻은 감자를 껍질째 10분간 쪄요.

2 찐 감자를 깍둑 썰어요.

3 버터 녹인 프라이팬에 감자를 넣고 구우며 숟가락으로 녹은 버터를 감자 위에 뿌려 주세요.

4 불을 끄고 알룰로스를 넣고 잘 버무린 뒤 파슬리가루를 뿌려서 마무리해요.

☑ 주재료 감자, 애호박

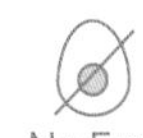

감자 치즈 채소빵

밀가루 없이 포슬포슬 담백한 감자로 만드는 빵이에요. 포만감이 좋고 소화가 잘되어 밥태기 때 자주 만들던 간식 중 하나예요.

• 재료 •

찐 감자 100g, 당근 20g, 애호박 25g, 아기치즈 1장, 달걀 1개, 무염버터 5g

• 요리 과정 •

1 당근과 양파는 잘게 다져줍니다.

2 찐 감자에 버터를 녹여서 넣고 아기치즈 1장을 추가 후 부드럽게 으깬 뒤 섞어요.

3 으깬 감자 반죽에 다진 채소와 달걀을 넣고 잘 풀어 섞은 뒤 전자레인지에서 2분 30초 돌려요.

☑ 주재료 블루베리, 바나나

블루베리 요거트머핀

항산화물질이 많아 면역강화에 좋은 블루베리로 만든 머핀빵 레시피예요. 요거트가 들어가 한층 더 부드러워 이가 없는 아기들도 편하게 먹을 수 있어요. 달달한 맛은 설탕 대신 바나나로 채웠답니다.

• 재료 •

블루베리 30g, 바나나 50g, 요거트 20g, 쌀가루 20g, 달걀 1개

• 요리 과정 •

1

2

1 블루베리와 바나나, 요거트, 쌀가루, 달걀을 넣고 믹서기에 곱게 갈아 줍니다.

2 작은 머핀틀에 반죽을 나눠 담은 뒤 에어프라이어 180도에서 15분 구워요.

Tip

블루베리가 없다면 냉동 블루베리를 사용해도 좋아요.
머핀 위에 그릭요거트를 얹어 주면 더 맛있어요.

☑ 주재료 딸기

딸기 요거트케이크

겨울에 빼놓을 수 없는 과일, 새콤달콤 딸기를 활용한 아기 간식 케이크예요. 설탕 대신 바나나를 넣어 달달한 맛을 냈어요. 겨울에 생일을 맞이하는 아이한테 만들어 주는 것도 의미 있어요.

• 재료 •

딸기 60g, 바나나 60g, 쌀가루 20g, 그릭요거트 1큰술, 달걀 1개

• 요리 과정 •

1 딸기와 바나나는 칼로 다지고 달걀, 쌀가루, 그릭요거트는 계량하여 준비해요.

2 전자레인지용 찜기에 준비한 재료를 모두 넣고 섞어요.

3 찜기 뚜껑을 닫고 전자레인지에서 2분 돌려요.

4 잘 식힌 후 도마에 뒤집어 놓고 8등분으로 잘라준 뒤 기호에 따라 남은 그릭요거트와 딸기를 올려 주면 완성이에요.

Tip

쌀가루가 뭉치지 않도록 잘 풀어 섞어요.

☑ 주재료 **귤**

No Flour

귤빵

겨울에 제철인 귤을 활용한 간식이에요. 비타민C가 풍부해서 새콤달콤한 맛에 그냥 먹어도 맛있지만 빵으로 만들어 줬을 때도 아이가 잘 먹었던 간식입니다. 귤만 있으면 되어서 만드는 법도 간단해요.

• 재료 •

귤 60g, 오트밀 10g, 쌀가루 15g, 달걀 1개

• 요리 과정 •

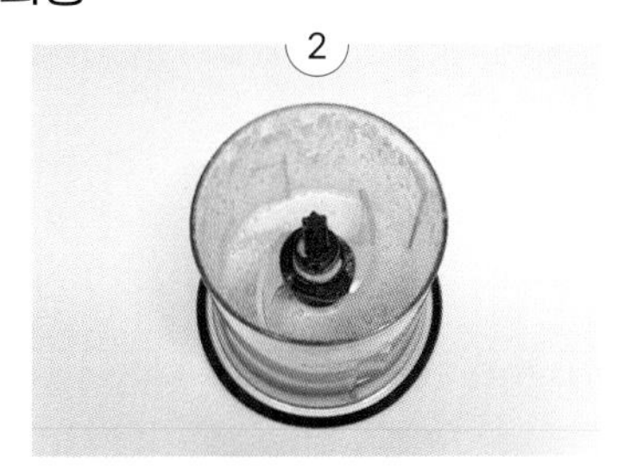

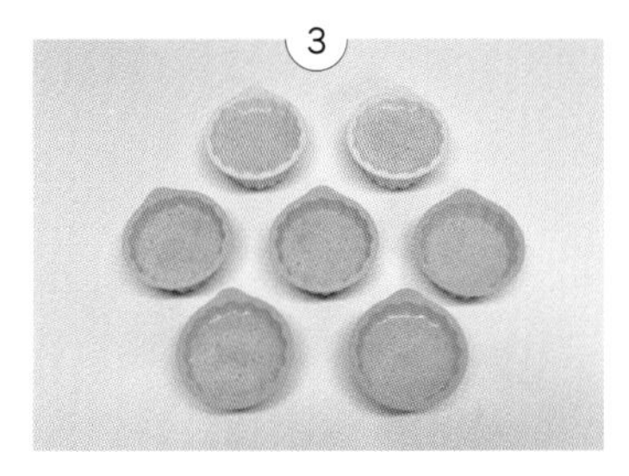

1 귤 껍질과 질긴 속껍질을 제거해 알맹이만 준비해요.

2 믹서기에 귤, 오트밀, 쌀가루, 달걀 1개를 모두 넣고 곱게 갈아요.

3 작은 머핀틀에 반죽을 80%만 채워 줍니다.

4 예열한 에어프라이어 180도에서 15분간 구워요.

Tip

머핀틀에 반죽을 담고 잡고 통통 내리치면 잔 기포가 사라져 반죽이 과도하게 부푸는 것을 방지할 수 있어요.

☑ 주재료 소고기, 당근

소고기 감당스틱

수저나 포크가 익숙하지 않아 손으로 밥 먹는 아이한테 좋아요. 편하게 쥐고 먹을 수 있거든요. 반찬 같기도 하면서 탄수화물, 단백질, 지방이 균형 있게 들어가서 밥태기 아이한테도 좋은 영양 간식이랍니다.

• 재료 •

소고기 30g, 감자 100g, 당근 20g, 아기치즈 1장, 무염버터 5g

• 요리 과정 •

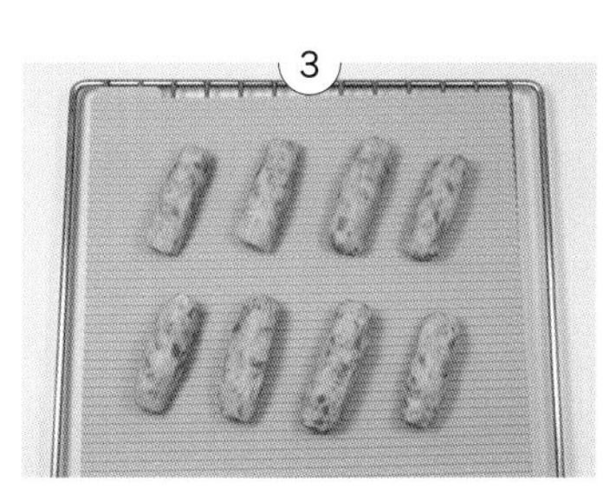

1 소고기는 다지고, 감자와 당근은 깍둑썰기 후 찜기에 넣고 10분간 쪄서 익힙니다.

2 1이 따뜻할 때 아기치즈, 버터를 넣은 다음 으깨면서 반죽을 섞어요.

3 반죽을 한 김 식힌 다음 막대 모양으로 빚어 에어프라이어 180도에서 10분 구워요.

주재료 오징어, 고구마

오징어 땅콩볼

No Egg

타우린이 풍부한 오징어를 넣은 간식입니다. 시판 과자 중에 오징어 땅콩 과자가 있는데, 거기에 아이디어를 얻어 비슷하게 만들어 봤어요. 아이가 한 개씩 쏙쏙 집어 먹으며 좋아했던 간식이에요.

• 재료 •

오징어 40g, 찐 고구마 70g, 땅콩버터 1작은술, 검은깨 1/2큰술

• 요리 과정 •

1 오징어는 믹서기로 갈 듯이 다지고, 고구마는 쪄서 준비해요.

2 다진 오징어, 찐 고구마, 땅콩버터, 검은깨를 넣고 으깨서 섞어요.

3 동그란 공 모양으로 빚은 다음 에어프라이어 180도로 15분 구워요.

땅콩버터빵

보통 이유식 중기쯤 되었을 때 시판용 땅콩버터로 알레르기 테스트를 해봅니다. 테스트 후 땅콩 알레르기가 없다면 남은 땅콩버터로 만들 수 있는 간단한 간식이에요. 두뇌에 좋은 견과류가 곱게 갈려 들어가 목 막힘 없이 고소합니다.

• 재료 •

땅콩버터 30g, 오트밀 20g, 달걀노른자 1개, 우유나 분유 40㎖

• 요리 과정 •

1 내열그릇에 준비한 재료를 모두 넣어요.
2 땅콩버터를 곱게 풀면서 반죽을 저어요.
3 뚜껑을 덮고 전자레인지에서 1분 30초 돌려요.
4 용기를 뒤집어 빵을 빼낸 뒤 먹기 좋은 크기로 썰어요.

☑ 주재료 사과, 땅콩버터

사과 땅콩버터 머핀

식이섬유가 풍부해 변비에 좋은 사과를 곱게 다져 고소하게 구워 낸 머핀이에요. 어금니가 덜 자란 아이들은 사과를 씹기 힘들어서 목에 자주 걸리는데 다져서 만드니 목에 걸릴 위험도 없고, 맛있게 잘 먹더라고요.

• 재료 •

사과 50g, 오트밀 20g, 땅콩버터 1작은술, 우유 40㎖, 달걀 1개

• 요리 과정 •

1 사과는 껍질을 깎고 곱게 다져요.

2 찜기에 다진 사과, 오트밀, 땅콩버터, 우유를 넣고 전자레인지에서 1분간 돌려요.

3 오트밀이 충분히 불어나면 달걀 1개를 넣고 잘 섞어요.

4 작은 사이즈 머핀틀에 반죽을 채운 뒤 에어프라이어 180도로 15분간 구워요.

Tip

오트밀 불리는 과정을 생략하면 딱딱해서 먹기 힘드므로 꼭 불려서 사용하세요.

찾아보기

초판 1쇄 발행 2024년 12월 2일

지은이 김은지
펴낸이 김영조
편집 김시연, 조연곤 | **디자인** 정지연 | **마케팅** 김민수, 조애리 | **제작** 김경묵 | **경영지원** 정은진
펴낸곳 싸이프레스 | **주소** 서울시 마포구 양화로7길 44, 3층
전화 (02)335-0385 | **팩스** (02)335-0397
이메일 cypressbook1@naver.com | **홈페이지** www.cypressbook.co.kr
블로그 blog.naver.com/cypressbook1 | **포스트** post.naver.com/cypressbook1
인스타그램 싸이프레스 @cypress_book | **싸이클** @cycle_book
출판등록 2009년 11월 3일 제2010-000105호

ISBN 979-11-6032-239-2 13590